材料学シリーズ

堂山 昌男　小川 恵一　北田 正弘
監　修

結晶成長

後藤 芳彦 著

内田老鶴圃

本書の全部あるいは一部を断わりなく転載または
複写(コピー)することは,著作権および出版権の
侵害となる場合がありますのでご注意下さい.

材料学シリーズ刊行にあたって

　科学技術の著しい進歩とその日常生活への浸透が20世紀の特徴であり，その基盤を支えたのは材料である．この材料の支えなしには，環境との調和を重視する21世紀の社会はありえないと思われる．現代の科学技術はますます先端化し，全体像の把握が難しくなっている．材料分野も同様であるが，さいわいにも成熟しつつある物性物理学，計算科学の普及，材料に関する膨大な経験則，装置・デバイスにおける材料の統合化は材料分野の融合化を可能にしつつある．

　この材料学シリーズでは材料の基礎から応用までを見直し，21世紀を支える材料研究者・技術者の育成を目的とした．そのため，第一線の研究者に執筆を依頼し，監修者も執筆者との討論に参加し，分かりやすい書とすることを基本方針にしている．本シリーズが材料関係の学部学生，修士課程の大学院生，企業研究者の格好のテキストとして，広く受け入れられることを願う．

監修　　堂山昌男　小川恵一　北田正弘

「結晶成長」によせて

　一般に材料の性質はバルクの性質により支配されるが，最近では材料の表面，界面の性質，改質，応用が重要になってきている．単結晶，IC(Integrated Circuit)，LSI(Large Scale Integrated Circuit)，VLSI(Very Large Scale Integrated Circuit)，薄膜などの設計，開発，製造では表面，界面の理解が必要である．

　本書は著者の東京理科大学における講義の長い経験に基づき，表面，界面の性質を容易で分かりやすく，原子論的立場や原子結合の立場から解説し，その応用，結晶の成長理論，結晶成長時に現れる結晶欠陥まで取り扱っている．著者の専門である表面分析，評価，応用も説明され，最近の実験結果も述べられている．図面が多く理解しやすいのも本書の特徴である．学部，大学院の教科書，研究者の参考書として有用と思われるので推薦したい．

堂山昌男

まえがき

　第一回の結晶成長の国際会議が開かれたのが1966年のことである．その頃から良質の単結晶の製作，新物質の開発，材料の創製，薄膜の実用化など数多くの物質創造の探索が行われてきた．材料といわれるものはほとんど多くは結晶であり，金属，半導体，セラミックス，無機材料などがそうであり，一部の有機物質も結晶化できる．このような材料が示す物性，つまり電気的，磁気的，熱的，光学的，機械的性質などの性能向上のため，あるいは特異な性質の発現のため，各国が競って新材料の開発を目指している．もちろんそれ以前にも結晶成長の研究は行われていた．Burton-Cabrera-Frankのらせん転位モデルが確立したのが1950年の頃であるから，以前から原子のオーダーで結晶成長メカニズムを解明してきた．しかし，爆発的な材料開発の研究が行われたのは今述べたとおりであり，それによって得られた新しい物質・材料が今日の物質文明を支えているのである．

　結晶成長の研究は，結晶成長のメカニズムの解明，新物質の合成，その単結晶の作製，薄膜の作製，ナノマテリアルの開発など多岐にわたっており，物理学，化学，鉱物学，工業化学，金属工学，材料工学，電子工学，さらに医学・薬学に至るまで学際領域の学問として発展してきた．どの分野においても材料創製にあたっては結晶成長の理解が必要となってきた．結晶成長の知識なくしては良質の材料が得られないといっても過言ではない．このようなことから今日の大学や大学院の授業において，単結晶作製，結晶成長メカニズムの内容がどこかの講義の中に登場している．材料工学，物理，化学では重要視され，独立した教科になっているところもある．今後ますます時代の要求に沿って結晶成長はカリキュラムの中に取り込まれていくことであろう．

　本書は，東京理科大学基礎工学部材料工学科の物質形成論および大学院の

講義内容を基にしている．結晶成長の基礎理論を原子のオーダーで取り扱い，エネルギー論的に説明している．説明はできるだけ具体的にすることに努め，物理的イメージが明確になるようにしている．何故そうなるのかという疑問を追究するように書かれてある．そのため，数学的，物理的な厳密性が若干損なわれているところもあるかもしれないが，内容の本筋の理解を第一とした．したがってそのようなところはその専門の教科書で調べてほしい．

第1章は相変態の熱力学的取り扱いである．第2章は結晶構造，表面の構造，第3章は核形成を取り扱っている．第4章は表面エネルギーの定義から面指数依存性をエネルギー的に説明した．第5章は表面エネルギーによって支配される結晶の熱平衡形，さらに基板上の平衡形を説明した．第6章では，気相の原子がどのような過程を経て結晶に取り込まれるのか成長の原理を説明している．第7章では表面における2次元核形成，らせん転位による成長機構を概説した．第8章は，融液成長を一つの章として独立させ，核形成の復習から，固液界面の形態（Jacksonの理論），不純物原子の振る舞い，セル構造，組成的過冷却まで述べた．第9章は薄膜成長の基礎であるエピタキシャル成長の入門を書いた．第10章は格子欠陥の章であるが，特に結晶成長に現れる欠陥について概説した．

本書の出版にあたって堂山昌男先生，小川恵一先生，北田正弘先生に大変お世話になりました．特に堂山先生には，原稿を丁寧に見て頂き，数多くのコメントを頂きました．厚くお礼を申し上げます．また内田老鶴圃の内田学氏，笠井千代樹氏には出版の全般にわたって御配慮頂きました．お礼を申し上げます．最後に研究室の大学院生および学生諸君には原稿の整理，修正，図面の作成，校正などを手伝って頂きました．この場を借りて厚く感謝の意を表したいと思います．

2003年1月　　　　　　　　　　　　　　　　　　　　　後 藤 芳 彦

目　次

材料学シリーズ刊行にあたって
「結晶成長」によせて

第1章　相　平　衡 ……………………………………………1〜18
　1.1　化学ポテンシャル　*1*
　1.2　固体の平衡蒸気圧　*8*
　1.3　固体の平衡蒸気圧のサイズ依存性　*12*

第2章　結晶構造と表面の原子配列 …………………………19〜27
　2.1　結晶構造　*19*
　2.2　表面の原子配列　*25*

第3章　核　形　成 ……………………………………………29〜44
　3.1　均質核形成　*29*
　3.2　不均質核形成　*35*
　3.3　不均質核形成における核形成速度　*43*

第4章　表面エネルギー ………………………………………45〜54
　4.1　結晶の表面エネルギー　*45*
　4.2　表面エネルギーの異方性　*51*

第5章　結晶の平衡形 …………………………………………55〜65
　5.1　結晶の平衡形　*55*
　5.2　基板表面における結晶の平衡形　*62*

第6章　成長の原理 …………………………………………… 67〜76
　　6.1　結晶成長の原理　　*67*
　　6.2　表面拡散　　*72*

第7章　結晶の成長機構 ………………………………………… 77〜99
　　7.1　2次元核成長　　*77*
　　7.2　らせん転位による成長　　*85*
　　7.3　成長速度および付着成長　　*95*

第8章　融液成長 ………………………………………………… 101〜123
　　8.1　融液からの成長　　*101*
　　8.2　固液界面の形態　　*110*
　　8.3　帯溶融による物質純化　　*114*
　　8.4　組成的過冷却およびセル構造　　*118*

第9章　エピタキシャル成長 …………………………………… 125〜149
　　9.1　成長様式　　*125*
　　9.2　成長様式の実験的証拠　　*131*
　　9.3　エピタキシャル方位関係　　*140*
　　9.4　エピタキシャル成長に対する表面汚染，温度の影響　　*149*

第10章　格子欠陥 ………………………………………………… 151〜175
　　10.1　点欠陥　　*151*
　　10.2　転位　　*155*
　　10.3　積層欠陥　　*168*
　　10.4　双晶　　*173*

目　　次　　vii

付録・付表…………………………………………………………177〜188
　付録1　圧力と衝突原子数の関係　*177*
　付録2　冠球の体積および表面積　*178*
　付表1　蒸気圧表　*179*
　付表2　金属の表面エネルギーの値　*181*

参考文献……………………………………………………………189〜192
索　　引……………………………………………………………193〜196

第1章 相平衡

1.1 化学ポテンシャル

　多くの固体は結晶である．材料はガラスや生物などの例外を除くと，ほとんどは結晶からできている．例えば，金属，無機物，ある種の有機物，岩石や鉱物などは結晶である．また，これらの多くは多結晶と呼ばれるもので，微細な単結晶の集合体からなっている．特別な作り方をしなければ，結晶は多結晶である．単結晶は結晶の繰り返しの単位である単位胞（ユニットセル）を3次元の空間の中で一定の向きに積み重ねたものであり，普通我々が見ることができる程度の大きさ，つまり数 μm～cm の大きさのものである．特にその中でも近年，単結晶を作ることが研究や実用材料として強く要求され，結晶成長といえば，多くは単結晶の育成のことを意味している．

　物質は気体，液体，固体の3種類の状態をとる．そのそれぞれの状態を気相，液相，固相と呼び，1つの相から他の相に変化することを相変態という．液相や気相から固相に相変態させることによって結晶成長が起こる．ここでいう液相とは，物質を高温にして融けた状態にした融液相のことであるが，溶液からも結晶が成長する．例えば，NaCl の水溶液から NaCl 結晶を作る場合がそれに当たる．さらに固相から別の固相に変態させ新しい相の結晶を成長させることもある．

　ある相から他の相に変態させるためにはどのような条件が必要であろう

か．それを理解するためには，相がどの条件で安定に存在するのかを示す平衡状態図から始める．図 1-1 に水の平衡状態図を示した．水は圧力や温度の変化によって氷や水蒸気になる．1 成分系の状態図では横軸に温度 T をとり，縦軸に圧力 P をとる．実線は各相の境界を表し，その線上では 2 相が共存する．例えば A 点の状態では液体状態であるが，圧力を一定にして温度を降下させると，液相線にぶつかる．この B 点においては，液相の水と固相の氷とが平衡状態にある．つまり，水と氷が共存している状態である．さらに温度を降下させれば C 点において水はすべて固体の氷となる．同様のことは気相から固相に相変態するときにもいえる．例えば，D 点では気相であるが，気相の圧力を増加させると E 点で気相と固相が熱平衡状態となり両相が共存する．それ以上の圧力では気相は固相へ相変態する．

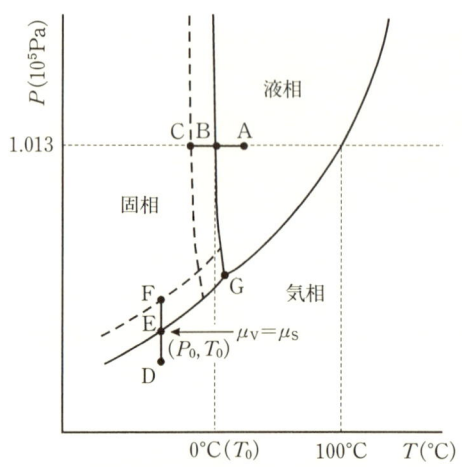

図 1-1 水蒸気-水-氷の平衡状態図．G は 3 重点で温度は 0.0098℃，圧力は 611 Pa である．

気相と固相が平衡している状態では，気相の化学ポテンシャル μ_V と固相の化学ポテンシャル μ_S の間に

$$\mu_V = \mu_S \tag{1-1}$$

の関係が成立している．化学ポテンシャルは 1 原子当たりのギブス

(Gibbs) の自由エネルギーに等しい．

化学ポテンシャル μ は圧力 P と温度 T との関数である．
$$\mu=\mu(P, T) \tag{1-2}$$
ある温度 T_0 において気相と固相の化学ポテンシャルが一致しているから，
$$\mu_V(P, T_0)=\mu_S(P, T_0) \tag{1-3}$$
が成り立つ．この関係から，
$$P_V=P_S \tag{1-4}$$
が成り立つ．

すなわち，気相と固相が平衡状態にあるときには気相の蒸気圧と固相の圧力が一致している．固相の圧力は固体自体が圧力をもっているというわけではなく，その温度における固体の平衡蒸気圧を意味している．外界の気相の圧力がちょうど固相の平衡蒸気圧に一致したときに，$\mu_V=\mu_S$ の関係が成立する．

圧力は，気体運動論から単位時間，単位面積当たりに入射する原子数に対応している．平衡状態では気相から固相に入射してくる単位時間当たりの原子数と，固相から気相の側へ蒸発する原子数が一致している．したがって，この場合2相共存状態で，固相は全体として成長もしないし蒸発もしない．他の2相が平衡するときにも同様に説明することができる．

ここまでは2相が平衡している状態を考えてきたが，次に固相に対してわずかに気相が過飽和になっている状態を考えよう．図1-1において，F点では平衡状態図をみる限り固相が安定に存在するが，いま仮にこの状態 (P, T_0) で気相が存在したと仮定する．気相はこの温度ではE点で P_0 の圧力をもって飽和しており，F点では $P=P_0+\Delta P$ の圧力をもち，過飽和になっている．

このとき，気相から固相に相変態するときの化学ポテンシャルの変化量 $d\mu$ は，
$$\begin{aligned}d\mu &= \mu_V(P, T_0)-\mu_S(P, T_0)\\ &= \mu_V(P_0+\Delta P, T_0)-\mu_S(P_0+\Delta P, T_0)\end{aligned} \tag{1-5}$$
と表され，μ_V はF点における気相の化学ポテンシャルであり，μ_S は固相の

それである．(1-5)式を P_0 のまわりで Taylor 展開すると，

$$d\mu = \mu_V(P_0, T_0) + \frac{\partial \mu_V}{\partial P} dP - \mu_S(P_0, T_0) - \frac{\partial \mu_S}{\partial P} dP \tag{1-6}$$

となる．ここで，$\mu_V(P_0, T_0)$，$\mu_S(P_0, T_0)$ は E 点における両相の化学ポテンシャルを示しており，これらは等しい．したがって(1-6)式は次式のようになる．

$$d\mu = \left(\frac{\partial \mu_V}{\partial P} - \frac{\partial \mu_S}{\partial P}\right) dP \tag{1-7}$$

ところで，化学ポテンシャル μ は 1 原子当たりのギブスの自由エネルギー[*] であるから，

$$\mu = \varepsilon - Ts + Pv$$

であり，ε は 1 原子当たりの内部エネルギー，T は絶対温度，s は 1 原子当たりのエントロピー，P は圧力，v は 1 原子当たりの体積である．これより

$$d\mu = (v_V - v_S) dP \tag{1-8}$$

となる．気相の体積は固相に比べてはるかに大きいので，

$$v_V \gg v_S$$

として v_V を改めて v と書き直し，理想気体として扱うと

$$Pv = kT \tag{1-9}$$

が成り立つので (k はボルツマン定数)，(1-8)式に代入して

$$d\mu = \frac{kT}{P} dP \tag{1-10}$$

が得られる．これを平衡状態の E 点から過飽和状態の F 点まで積分すると，

$$\int d\mu = kT \int_{P_0}^{P} \frac{1}{P} dP \tag{1-11}$$

となり，F 点での気相の化学ポテンシャルと E 点の固相の化学ポテンシャルの差を改めて $\Delta \mu$ と書き直すと，

---

[*] 一般にギブスの自由エネルギー G は
$$G = U - TS + PV$$
で表され，U は内部エネルギー，T は絶対温度，S はエントロピー，P は圧力，V は体積である．ここではそれを 1 原子当たりにとっている．

1.1 化学ポテンシャル

$$\Delta\mu = \mu_\mathrm{V}(P, T) - \mu_\mathrm{S}(P_0, T) = kT \ln\frac{P}{P_0} \tag{1-12}$$

が得られる．この式において，固相の平衡蒸気圧より高い蒸気圧があれば化学ポテンシャルは気相の方が大きくなり，気相から固相へ物質が移動した方がエネルギーが低くなる．したがって結晶が蒸気相から成長する．外界の蒸気圧 P が P_0 に等しいときには $\Delta\mu$ は 0 となり両相にエネルギー差が生じない．圧力 P が P_0 より小さいときには $\Delta\mu$ は負となり，固相から気相へ相変態することによって安定に向かい，蒸発が起こる．このように，化学ポテンシャルの差 $\Delta\mu$ が結晶成長の駆動力となっている．結晶が成長する条件として過飽和 ΔP が必要になるので，実際には図1-1に示されるように気相を平衡状態の実線よりも圧力の高い破線の状態にしなければならない．そのような条件で初めて結晶が成長する．

次に融液相から固相が成長する場合について述べよう．液相から固相が成長するためには，液相の温度を凝固点よりも低くしなければならない．図1-1においては，B点が圧力一定の条件下で固相と液相が平衡している状態を示し，その温度を T_0 とする．E点の T_0 とは異なっている．C点は，液相の温度が平衡温度 T_0 より ΔT だけ降下し，$T_0 - \Delta T$ になっている点であり，過冷却の状態になっている．

まずB点では，固相と液相が平衡しているので，

$$\mu_\mathrm{L} = \mu_\mathrm{S} \tag{1-13}$$

が成り立つ．エンタルピー* で表示すると(1-13)式は

$$h_\mathrm{S} - T_0 \cdot s_\mathrm{S} = h_\mathrm{L} - T_0 \cdot s_\mathrm{L}$$
$$h_\mathrm{L} - h_\mathrm{S} = T_0(s_\mathrm{L} - s_\mathrm{S}) \tag{1-14}$$

---

* エンタルピー H は
$$H = U + PV$$
と表される．ここでは1原子当たりのエンタルピー h を
$$h = \varepsilon + Pv$$
で表す．化学ポテンシャル μ は
$$\mu = h - Ts$$
で表される．

となり，h および s はそれぞれ 1 原子当たりのエンタルピーおよびエントロピーである．液相のエントロピーと固相のそれとの差を Δs とすると，エンタルピー変化は

$$\Delta h = h_L - h_S = T_0 \cdot \Delta s \tag{1-15}$$

と書ける．この場合 Δh は融解熱あるいは融解の潜熱という．凝固点 T_0 で潜熱を決定することによりエントロピー変化を知ることができる．

T_0 付近での化学ポテンシャルを固相と液相について表すと図 1-2 のようになる．平衡温度よりも低い温度領域では，液相の化学ポテンシャルよりも固相の化学ポテンシャルの方が低い．逆に T_0 よりも高温の領域では液相の化学ポテンシャルのほうが低い．いま液相が T_0 よりも低い温度 T で過冷却状態になって存在しているとする．固相と液相との間の化学ポテンシャルの差 $\Delta \mu$ は

$$\begin{aligned}\Delta \mu &= \mu_L - \mu_S \\ &= h_L - T \cdot s_L - (h_S - T \cdot s_S) \\ &= \Delta h - T \cdot \Delta s \end{aligned} \tag{1-16}$$

となる．ここで，Δs に (1-15) 式を代入すると

$$\Delta \mu = \mu_L - \mu_S = \Delta h \frac{\Delta T}{T_0} \tag{1-17}$$

となる．融液成長の場合の化学ポテンシャルの変化量は，過冷却 ΔT の大

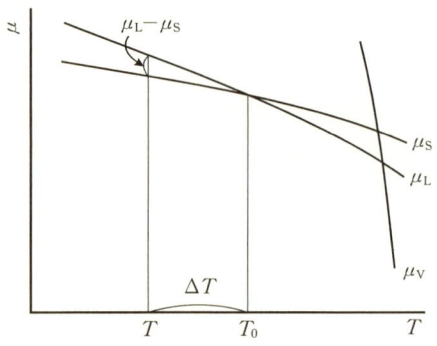

図 1-2 温度に対する各相の化学ポテンシャル変化．

1.1 化学ポテンシャル

きさに比例する．また，潜熱 Δh にも比例する．実験的に変化させられるのは ΔT あり，それを大きくすればするほど液相から固相への相変態の駆動力は大きくなる．

これまで液相から固相への相変態について述べてきたが，気相から固相へ相変態するときにも同様の議論ができる．状態図では P が一定であり，そのときには

$$\Delta \mu = \mu_V - \mu_S = \frac{\Delta h \cdot \Delta T}{T_0} \qquad (1\text{-}18)$$

となる．ここでいう Δh は昇華エネルギーである．液相から固相への相変態では Δh を蒸発エネルギーと呼んでいる*．溶液からの結晶の成長も(1-5)式と同様の考え方をすると，結果として溶液の濃度と結晶の化学ポテンシャルの差 $\Delta \mu$ は次式で表される．

$$\Delta \mu = kT \ln \frac{C}{C_0} \qquad (1\text{-}19)$$

C, C_0 はその温度での過飽和濃度，平衡濃度である．飽和溶液を作り温度を降下させると過飽和溶液ができる．濃度 C が平衡濃度 C_0 より高く過飽和になっていれば $\Delta \mu > 0$ となり結晶が成長する．

このようにして化学ポテンシャルの差 $\Delta \mu$ が結晶の成長する駆動力となる．融液成長では過冷却，気相成長および溶液成長では過飽和が存在するとき結晶の成長が起こる．

---

* 昇華エネルギーを Δh_{SV}，蒸発エネルギーを Δh_{LV}，融解の潜熱を Δh_{SL} とすると，固相から直接気相に相変態するとき外部から吸収する熱量と，固相から液相を経て気相になる熱量は等しくなければならないので

$$\Delta h_{SV} = \Delta h_{SL} + \Delta h_{LV}$$

が成り立つ．そして Δh_{SL} は，$\Delta h_{SV}, \Delta h_{LV}$ に比べると非常に小さい．両者の結合エネルギーに大きな差はないことを示している．

1.2 固体の平衡蒸気圧

　気相成長においてしばしば出てくる平衡蒸気圧について，詳しく解説する．1元系の平衡状態図においては，固相-気相の境界線上で気相は固相と平衡しており，そのときの気相の圧力が固相の平衡蒸気圧であると述べた．実験的にはガラス管に物質を真空封入し，ある温度 T_1 に保持すると固相から蒸発が起こる．十分に時間が経つとガラス管内には気体が満たされ，そのときの気体の圧力が平衡蒸気圧となる．この圧力は温度の関数であり，温度の上昇とともに平衡蒸気圧は急激に高くなる．

　図1-3において，AおよびB点においては気相と固相が平衡している．この図からそれぞれの点について

$$\mu_V(T, P) = \mu_S(T, P) \tag{1-20}$$

$$\mu_V(T+dT, P+dP) = \mu_S(T+dT, P+dP) \tag{1-21}$$

が成り立つ．(1-21)式から(1-20)式を引くと次式を得る．

$$\mu_V(T+dT, P+dP) - \mu_V(T, P)$$
$$= \mu_S(T+dT, P+dP) - \mu_S(T, P)$$

上式を Taylor 展開すると

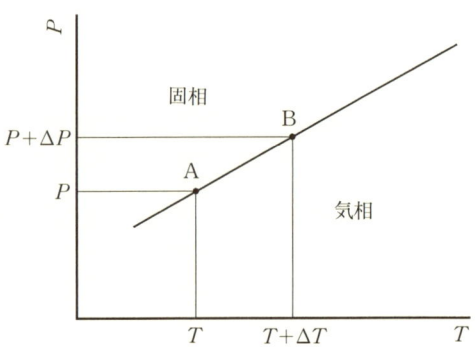

図1-3 1成分系の固相-気相の平衡状態図．

1.2 固体の平衡蒸気圧

$$\mu_\text{v}(T, P) + \frac{\partial \mu_\text{v}}{\partial T} dT + \frac{\partial \mu_\text{v}}{\partial P} dP - \mu_\text{v}(T, P)$$

$$= \mu_\text{s}(T, P) + \frac{\partial \mu_\text{s}}{\partial T} dT + \frac{\partial \mu_\text{s}}{\partial P} dP - \mu_\text{s}(T, P)$$

が得られ,整理すると次式となる.

$$dP \left(\frac{\partial \mu_\text{v}}{\partial P} - \frac{\partial \mu_\text{s}}{\partial P} \right) + dT \left(\frac{\partial \mu_\text{v}}{\partial T} - \frac{\partial \mu_\text{s}}{\partial T} \right) = 0$$

$\mu = \varepsilon - Ts + Pv$ を使って

$$dP(v_\text{v} - v_\text{s}) - dT(s_\text{v} - s_\text{s}) = 0 \tag{1-22}$$

よって

$$\frac{dP}{dT} = \frac{s_\text{v} - s_\text{s}}{v_\text{v} - v_\text{s}} = \frac{\Delta s}{\Delta v} \tag{1-23}$$

が得られる.(1-15)式を使うと,

$$\frac{dP}{dT} = \frac{\Delta h}{T \cdot \Delta v} \tag{1-24}$$

(1-15)式の T_0 は平衡状態ではどの温度でも成り立っているので T と書ける.(1-24)式をクラペイロン-クラウジウスの式という※.ここで Δh は1原子当たりのエンタルピー変化,Δv は1原子当たりの体積変化を表している.現実の ΔH は mol 当たりの熱量で表示されているので,

$$\frac{dP}{dT} = \frac{\Delta H}{T \cdot \Delta V} \tag{1-25}$$

となる.ΔV は気相と固相との mol 当たりの体積変化量である.

$$\Delta V = V_\text{v} - V_\text{s} \tag{1-26}$$

であるが,$V_\text{v} \gg V_\text{s}$ なので

$$\Delta V \approx V_\text{v} \tag{1-27}$$

と書ける.蒸気圧は低く,気体どうしの相互作用を無視すると,理想気体の法則が適用される.

$$PV_\text{v} = RT \tag{1-28}$$

これを(1-25)式に代入すると

※ この式は図 1-1 において境界線の勾配を決めている式である.例えば,氷から水に変態するとき体積は収縮するので,$\Delta V < 0$ となり勾配が負となる.

を得る．変形して，

$$\frac{dP}{dT} = \frac{\Delta H \cdot P}{RT^2}$$

$$\frac{dP}{P} = \frac{\Delta H}{RT^2} dT \tag{1-29}$$

となり，これを積分すると

$$\ln P = -\frac{\Delta H}{RT} + \ln A \quad (A：定数)$$

が得られる．これから

$$P = A \exp\left(-\frac{\Delta H}{RT}\right) \tag{1-30}$$

が成り立つ．これが平衡蒸気圧を決める式である．各物質について，T に対する蒸気の圧力を測定することにより $\log P$ と $1/T$ をプロットすると，図1-4 のようになり，勾配から ΔH を求めることができる．昇華熱 ΔH は物質によって異なる．例えば，Ag：274 kJ/mol，Fe：377 kJ/mol，Mo：

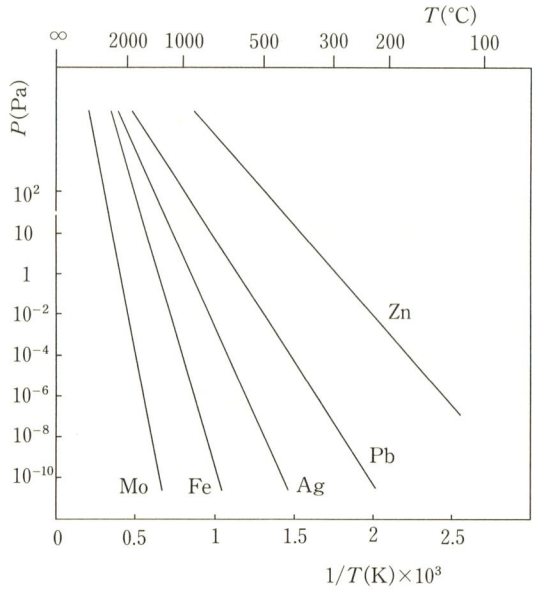

図1-4 温度変化に対する平衡蒸気圧．

563 kJ/mol などほとんどの物質について実験的に求められている※．このエネルギー ΔH を 1 原子当たりに換算すると，それは固体表面の原子が他の原子との結合を断ち切って気体原子になるときの熱の吸収量である．それを mol 当たりで表示している．

気相成長の原理を図1-5 に示した．（a）のように物質を容器に入れ真空にする．（b）では固相の物質が真空中に蒸発し飽和した状態である．このときの蒸気圧は温度における平衡蒸気圧である．そこに（c）のように同じ気体のガスを導入し，温度を一定にして ΔP だけ圧力を増加させる．気相の化学ポテンシャルは固相のものよりも高くなり，その差 $\Delta \mu$ を生じる．このとき，蒸気の一部は固体の上や容器の壁などに凝結し固相が成長する．そして気相は再び飽和蒸気圧 P_0 に戻る．コックを開き，常に $P+\Delta P$ の圧力になるよう気体を供給すれば $\Delta \mu > 0$ となり，結晶が成長しつづける．実際に気相成長を行うためには，図 1-6 のようなガラス管に結晶の材料を封入して，蒸発側の温度 T_1 を成長側の温度 T_0 よりも少し高くする．ここで，温度 T_0 では平衡蒸気圧 P_0 をもち，T_1 においては平衡蒸気圧 P_1 をもつ．平衡蒸気

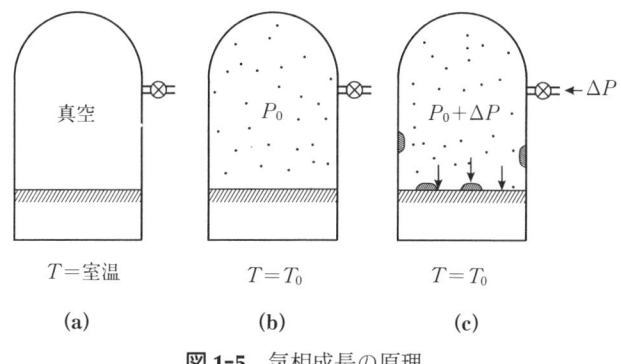

図 1-5　気相成長の原理．

※　これらの値は融点で測定されたものである．熱量の単位には
$$1\,\mathrm{kcal/mol} = 4.184\,\mathrm{kJ/mol}$$
の関係がある．

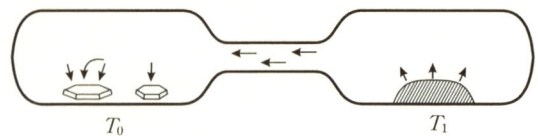

$T_0 < T_1$

図 1-6 気相からの成長法.

圧は温度が高くなると増大するので，$P_1 > P_0$ となり圧力差を生じて気相成長が起こる．

1.3 固体の平衡蒸気圧のサイズ依存性

　前述のように，ある固体物質をガラス管に入れ T_0 に加熱し，その蒸気で飽和させる．その圧力が平衡蒸気圧であるが，そのとき蒸発する物質は塊状（バルク状）のものである．その表面をミクロに見ると，平らな面から蒸発が起こっている．その面の曲率半径は無限大である．しかし，蒸発する固体が非常に小さくなっていくと，その形態は球形に近い形となり，平衡蒸気圧 P はその曲率半径が小さいほど大きくなる．

　いま，図 1-7 に示されるように半径 r の球状の固体が気体と平衡状態にあるとする．平らな面における固体の平衡蒸気圧を P_0，外部の気体の圧力を P とする．この平衡状態から固体をわずかに成長させ半径 dr だけ増加させたとする．面積が増加するので，単位面積当たりの表面エネルギーを σ，面積増分を dS とすると，σdS だけ表面エネルギーが増加したことになる．体積の増加分を dV とすれば，そのときのエネルギー増加分は $\Delta P = P - P_0$ の圧力差にさからって体積膨張した分のエネルギー $\Delta P dV$ と等しい．したがって，

$$\sigma dS = \Delta P dV \tag{1-31}$$

が成り立つ．ここで，

$$S = 4\pi r^2 \tag{1-32}$$

1.3 固体の平衡蒸気圧のサイズ依存性　　13

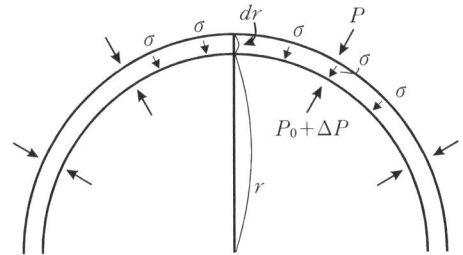

図 1-7　半径 r の固体を dr だけ成長させたときの球形の固相の力の釣り合い．

$$V = \frac{4}{3}\pi r^3 \tag{1-33}$$

から，$dS = 8\pi r dr$，$dV = 4\pi r^2 dr$ を代入すると

$$\sigma \cdot 8\pi r dr = \Delta P \cdot 4\pi r^2 dr \tag{1-34}$$

となり，したがって

$$\Delta P = \frac{2\sigma}{r} \tag{1-35}$$

の式を得る．これはラプラス（Laplace）の式と呼ばれている．界面において曲率 r が存在すると，それに見合う圧力差 ΔP が生じる．r が無限大のとき，界面における圧力差は 0 となる．

ここで，圧力の差による化学ポテンシャルの差は，一定温度の下では

$$\Delta \mu = v \cdot \Delta P \tag{1-36}$$

であるから，

$$\Delta \mu = v \cdot \frac{2\sigma}{r} \tag{1-37}$$

となり，$\Delta \mu$ は圧力差から定義されているので(1-12)式に(1-37)式を代入すると

$$kT \ln \frac{P}{P_0} = v \cdot \frac{2\sigma}{r} \tag{1-38}$$

が成り立つ．P_0 は平らな面における固体の平衡蒸気圧であり，P は固体が半径 r の球の形態をとったときの平衡蒸気圧である．したがって P は

$P(r)$ と書くことができ，

$$P(r) = P_0 \exp\left(\frac{2\sigma}{r} \cdot \frac{v}{kT}\right) \tag{1-39}$$

となる．

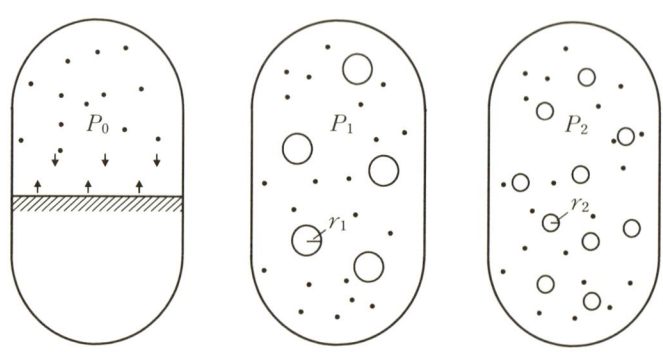

$P_0 < P_1 < P_2,\ r_2 < r_1$

図 1-8 半径 r の球の平衡蒸気圧の変化．半径が ∞ の平面と平衡する蒸気圧は P_0 であり，球の半径 r が小さくなるほど平衡蒸気圧は高くなる．

すなわち，小球の固相の平衡蒸気圧は大きなバルク固相のものと異なる．半径が小さくなるほど小球の平衡蒸気圧は増加する．図に表すと，図 1-8 のようになる．結晶が小さくなると多面体の形をもつが，球に近似できる．ここでは固体の球を考えたが，同様の議論は小さな液体においても成り立つ．(1-39)式をギブス-トムソン（Gibbs-Thomson）の式といっており，結晶成長にとって非常に重要な式である．なぜなら結晶成長では原子1個から始まり，それが集合して小球を作り，さらに大きくなって結晶が成長していく過程を考えるので，そのでき始め，あるいは核形成にはこのような考え方が必ず含まれるからである．1原子から出発して2原子，3原子と会合していきクラスターを作る．クラスターの蒸気圧は非常に高く，まわりの実験的に作られる圧力よりも大きい．したがって，たとえこのようなクラスターが形成されたとしても再蒸発する（$r < r^*$）．しかし，たまたまそれが大きくなり臨

1.3 固体の平衡蒸気圧のサイズ依存性　　15

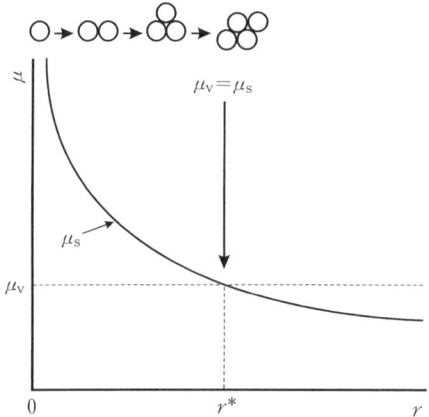

図1-9 クラスターの半径 r の変化に対する固相の化学ポテンシャル変化．$r=r^*$ において $\mu_v=\mu_s$ が成り立つ．

界核にまでなったとする ($r=r^*$)．そのときの固体の平衡蒸気圧は図 1-9 のようにまわりの圧力と等しくなる．ここで固体と気体の化学ポテンシャルが一致する．そして，それよりクラスターが大きくなると平衡蒸気圧が減少し，まわりの圧力よりも小さくなる ($r^*<r$)．圧力差が生じると，蒸発する原子数より衝突してくる原子数が増加し，成長に転じるのである．

このギブス-トムソン効果は 3 次元の成長ばかりではなく 2 次元のステップの成長においても見られる．気相から結晶が成長するときには，その結晶の表面において成長が起こる．後に詳しく述べるが，成長表面には原子の階段状のステップが存在し，そこに気相から入射した原子が付着して固体側に組み込まれる．図 1-10 に示されるように，ステップの曲率半径がある臨界の値より小さくなることはできない．その臨界の値より小さい曲率をステップがもつとすれば，そこでの蒸気圧が高いためにステップから原子が蒸発し，その結果曲率半径の大きなステップとなる．このようにステップの曲率には一定の限界があり，それは過飽和度によって決まる．

それでは，なぜ曲率が小さいと平衡蒸気圧が高くなるのか．この理由は結晶が非常に小さい場合，小球の最表面の原子の結合が固体内部のものと比べ

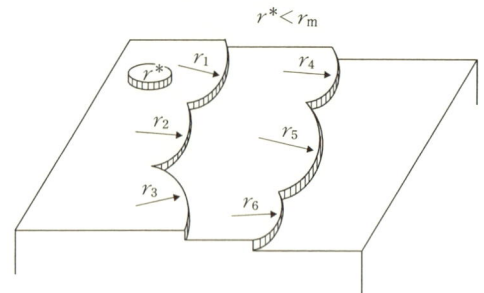

図1-10 結晶表面における1原子層の成長．ステップの曲率半径は r^* より小さくなれない．

て弱くなるからである．例として図1-11に平らな表面原子面(a)と半径 r の小球の原子集合体(b)の断面を示してある．(a)における表面原子は結晶の内側に半分が埋まり込み，半分が真空側に露出している．それに比べて曲率半径が小さな(b)の小球の表面原子は，内側に埋まり込んでいる割合よりも表面に露出している割合が高い．したがって，気相と平衡させるためには平衡蒸気圧 P_0 よりもさらに高い圧力を加えなければならない．そうしないと蒸発してしまうからである．したがって，曲率半径の小さい固体や液体は平衡蒸気圧が高くなるのである．

いままでは結晶の形態を球と仮定してきたが，結晶が多面体の形態をもっ

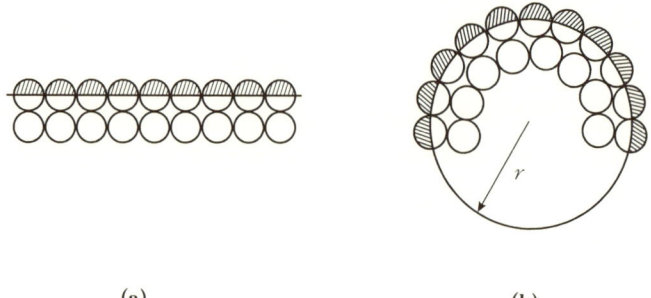

図1-11 表面原子の真空側への露出の程度．(a)平らな面の表面原子，(b) r の半径をもつ表面の原子．

1.3 固体の平衡蒸気圧のサイズ依存性

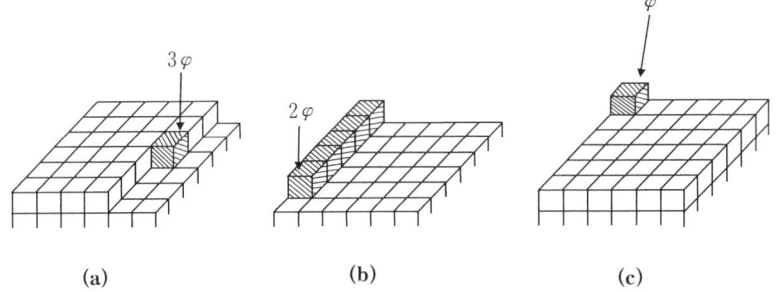

図 1-12 結晶表面上における各原子の結合の強さ．(a), (b), (c)における原子の結合の強さはそれぞれ $3\varphi, 2\varphi, \varphi$ である．

ているときにも，結晶のサイズが小さくなるとその固相の平衡蒸気圧は大きくなる．固体の表面の原子は図1-12に示されるように立方体の原子で構成されているとする．隣接原子との結合エネルギーを φ とすると，固体の内部では1原子は6本の結合手 6φ をもっている．結晶の表面において原子が蒸発するときにはコーナーから出発し，1原子当たり3本の結合手 3φ を切る．次の原子も常に1原子当たり 3φ を切る．結晶表面が無限に広がっているときには，1原子当たり 3φ の結合を切ればよい．しかし結晶の大きさが小さくなると，(b)に示すように原子を1原子層上でとりはずす際に x, y 方向に最後の1列が1原子当たり 2φ の結合を切ることとなり，さらに最後のコーナーの1原子は φ の結合を切る．つまり，多面体の形状をもつ微結晶では，1つの面における原子の結合は平らな面のものに比べるとエネルギーが減少している．したがって，より高い蒸気圧が平衡蒸気圧として必要となる．いいかえれば微結晶の化学ポテンシャルは普通の結晶のそれよりも大きいということができる．

オストワルド熟成という現象がある．数 μm あるいはそれより小さい粒子が溶液中に分散している系において，時間の経過とともに小さな粒子は縮小・消滅し，大きな粒子はますます大きいものに成長していくことをいう．粒子の小さいものはその化学ポテンシャルが高く，サイズの大きいものはそれが低い．したがって，その系のエネルギーを下げるために小さい粒子は溶

解し，大きな粒子は溶液中の原子を吸収して大きい粒子へ成長するのである．

第2章 結晶構造と表面の原子配列

2.1 結晶構造

　結晶は原子が規則的に並んだものである．結晶の中のある原子列を眺めると，それは直線であり等間隔に原子が並んでいる．1つの基本的な原子の並びを単位として，それを空間の3方向に繰り返し移動させて結晶ができている．その単位を単位胞あるいは単位格子と呼んでいる．単位胞中の原子の並び方はそれぞれの結晶によって異なる．この原子の並び方を結晶構造といい，これはX線回折の実験により明らかにされた．結晶構造としては，金属などの単体では，面心立方格子（face centered cubic lattice, fcc），体心立方格子（body centered cubic lattice, bcc），稠密六方格子（hexagonal close packed lattice, hcp）などがあり，Siなどの半導体ではダイヤモンド格子（diamond lattice）がある．化合物では数多くの結晶構造がある．
　まず単純立方格子について説明する．この結晶構造は現実には存在しないが，結晶方位や結晶面の面指数，格子欠陥，結晶成長などを説明するために広く使われてきた．図2-1に示されるように1辺aの立方体の隅に8個の原子が存在する．原点を000とし，x，y，z軸を図のようにとる．$[hkl]$方位は原点とx，y，z方向へそれぞれh，k，l進んだ点を結ぶ方向である．OA方向はOからxに1，yに1進んだ位置を原点と結ぶ方向であるから$[110]$方位である．このようにして任意の$[hkl]$方位の方向が決められる．

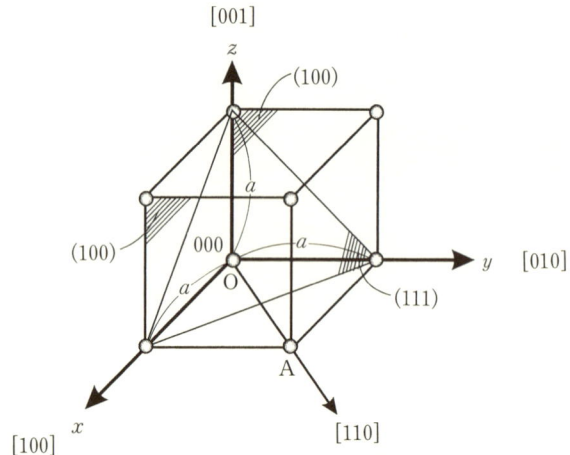

図 2-1 単純立方格子の単位格子.

これに対して面を指定する面指数(hkl)は次のようにして決められる．x軸と$1/h$，y軸と$1/k$，z軸と$1/l$で交わった交点を結ぶ面が(hkl)面を表す．例えば(100)面は図2-1のようにx軸と1で交わり，y軸と平行，z軸と平行な面である．また，原点を含むyz平面も(100)面と平行であり，やはり(100)面である．したがって，(100)面といえばそれに平行な面群をいう．同様に(111)面はx，y，z軸と，$1/1$，$1/1$，$1/1$で交わった点を結ぶ面であり，図中に3角形状に示されている．単純立方格子のように単位胞が立方体である結晶系を立方晶と呼んでおり，その場合には，[111]方位は(111)面に垂直であり，[hkl]方位は(hkl)面に垂直な関係にある．また，[hkl]方位に等価な方位[$h\bar{k}l$]，[$hk\bar{l}$]，…などの方位を総称して〈hkl〉で表す．同様に(hkl)面の等価な面の総称を{hkl}で表す．

体心立方格子，面心立方格子，あるいはダイヤモンド格子などの立方晶においては，[hkl]方位と[$h'k'l'$]方位との間の角度φは，

$$\cos\varphi = \frac{hh' + kk' + ll'}{\sqrt{h^2 + k^2 + l^2} \cdot \sqrt{h'^2 + k'^2 + l'^2}} \quad (2\text{-}1)$$

で表される．特に[hkl]方位と[$h'k'l'$]方位が直交するのは，上の式から

$$hh' + kk' + ll' = 0 \tag{2-2}$$

のときである．この式は覚えておくと便利である．例えば，[111]方位と垂直な方向は[1$\bar{1}$0], [11$\bar{2}$], …などの方位であることが直ちにわかる．

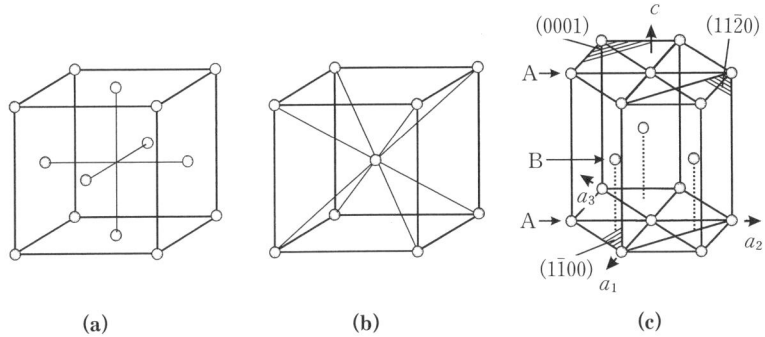

図 2-2 各結晶の単位格子．(a) 面心立方格子 (fcc), (b) 体心立方格子 (bcc), (c) 稠密六方格子 (hcp).

面心立方格子 (fcc) では図2-2(a)のような単位胞をとる．立方体の各隅に8個の原子，各面の中心に6個の原子が存在する．単位胞に含まれる原子数は隅が $1/8 \times 8 = 1$ 個分，面心が $1/2 \times 6 = 3$ 個分で計4個である．原子の最稠密方向は〈110〉方位であり，その方位に原子は接触している．立方体の1辺の長さを格子定数といい，それを a とすると，原子の直径は $\sqrt{2}\,a/2$ であり，それが最近接原子間距離になる．[111]方位からみると，原子の配列は図2-3のようになる．いずれの〈110〉方位においても原子は隣の原子と接触し，ちょうど球をぎっしりつめた構造をなしている．このような〈110〉方位を最稠密方位という．(111)面上に並ぶ原子の位置は，第1原子層をAサイトとするとその上には2種類の窪みがあり，その1つはBサイト，もう1つはCサイトになる．fccではABCABC…の順に積み重なっている．ABABAB…の順に積み重なると，その構造は稠密六方格子hcp構造になる．Cu, Ag, AuなどのIb族，Pd, PtなどのⅧ族やAlなどがこのfcc構造をとり，金属の典型例として知られている．

体心立方格子 (bcc) の単位胞は図2-2(b)に示されるように，隅に8個

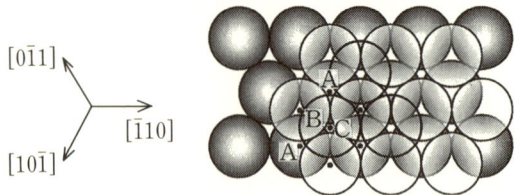

図 2-3 fcc 結晶の[111]方位の原子配列．ABCABC…の順序で積層している．

と中心に1個の原子をもち，単位胞に2個の原子を含む．最稠密面は(110)面であり，最稠密方位は⟨111⟩方位である．最近接原子間距離は$\sqrt{3}\,a/2$である．この構造はLi，Na，Kなどのアルカリ金属や，Fe，Nb，Ta，Mo，Wなどの遷移金属に現れる．

稠密六方格子（hcp）の単位胞を図2-2(c)に示す．c 軸に垂直な面は原子が稠密につまり，その面だけを見るとfccの(111)面と同じ構造をしている．hcpでは c 軸方向に稠密な原子層がABAB…の繰り返しとなっている．球を積み重ねると $c:a$ の比は1.633になるが，現実の格子はそれより少しずれている．hcpの結晶方位は[$uvtw$]で表される．a_1，a_2，a_3 軸は原点を中心にそれぞれ120°の角度で交差していて，$t=-(u+v)$ の関係がある．図2-4のように，それぞれ基本の単位の軸を1/3に分割するとわかりやす

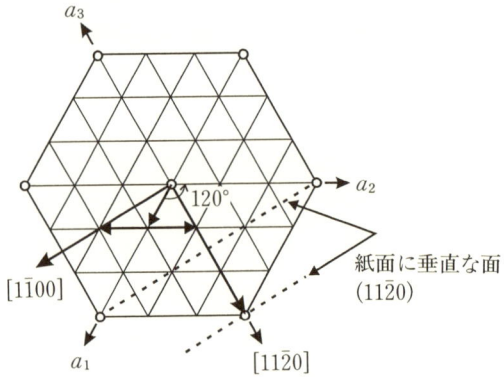

図 2-4 hcp結晶の底面における方位関係．

い.例えば,[11$\bar{2}$0]方位は a_1 軸に 1/3,a_2 軸に 1/3,a_3 軸に $-2/3$ 進行させるとこの方位となる.(11$\bar{2}$0)面はその方向に垂直な面である.(0001),(11$\bar{2}$0),(1$\bar{1}$00)面などが図 2-2(c)に示してある.ここで,(0001)面は底面と呼ばれ,原子が稠密に配列し,正 6 角形状となる.すぐ下の(0001)面に平行な面の原子は B 層として示されている.(1$\bar{1}$00)面は柱面ともいわれる.この構造は Zn,Cd,Co などに現れる.その他にも様々な結晶構造があるが,ここでは触れない.

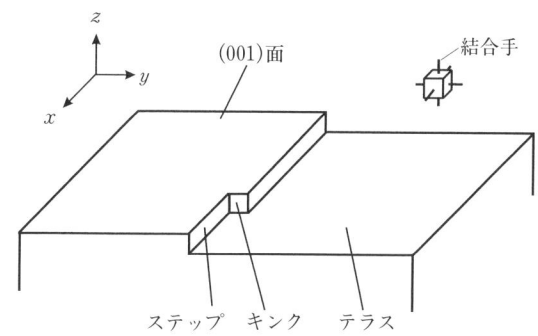

図 2-5 結晶表面の構造,コッセル模型.

単純立方格子の構造において各原子を立方体の形態にとり,それを積み重ねて,広い(100),(010),(001)面が結晶面として外形に出ている結晶を作ると図 2-5 のようになる.表面は(001)面により広く覆われているが,1 原子層が未完成のままになっている.固体中では原子は立方体として各側面に 6 本の結合手をもち,まわりの立方体の原子と結合している.表面には(001)面の広い平坦なテラスがあり,原子と同じ高さの階段がある.それをステップと呼んでいる.そのステップに 1 原子の間隔の折れ曲がりがあり,それをキンクと呼んでいる.このような結晶をコッセル模型といっている.この模型では絶対零度の完全結晶を考えており,表面が単原子層によって一部覆われているが,その境界をなすステップを除けば平坦である.これに対してわずかに傾いた面が存在することがある.図 2-6(b)には図 2-5 の y 軸の方向にステップが等間隔に並んでおり,もとの(001)面からわずかに傾い

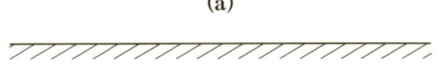

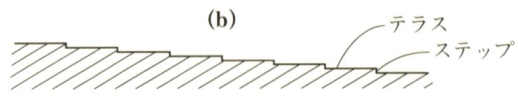

図 2-6　平らな表面(a)と微斜面(b).

た面を示している．この面は広いテラスの(001)面とそれを結ぶステップからできあがっている．この面は(001)面からわずかにずれているので微斜面といわれる．同時に x 軸にも傾けて面を作ると，x, y の両方向に沿ってステップが形成される．ステップの間隔を変えれば面の傾きも変わる．一般に高指数面といわれるものはこのようになっており，(001)面のような稠密面とステップによってできている．例えば，fcc 金属では (111), (100), (110) 面が稠密面であり，それから傾いたときには高指数の (hkl) 面となる．

　天然で産出した鉱物結晶の表面は低指数面から構成されている場合が多く，特定の結晶面（ファセット）が現れている．しかし融液成長ではファセットが現れることは少ない．ファセットが出現する場合でもその面は極めてわずかに傾いた微斜面になっていることが多い．例えば，らせん転位による成長ではステップが等間隔に現れ，わずかな傾きを作る．また，Si などの基板を用いその上に気相によって結晶成長させるような場合，もとの Si の

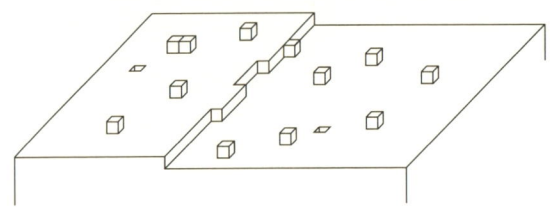

図 2-7　低指数面における成長の様子．

面は低指数面からごくわずかな方位にずれがあり,成長膜もそれにしたがう.方位のずれは機械切断の際に生じる.実際に低指数面における成長中の表面を拡大すると図2-7のようになるだろう.表面にはステップが存在し,そのステップ上にキンクがある.表面空孔もある.気相から入射した原子は表面に数多く吸着し,その中には2原子分子もある.

2.2　表面の原子配列

　これまで表面の原子配列はバルク結晶を2分したときの原子配列がそのまま表面に現れると仮定した.しかし,表面の下層には原子が存在するが,その上方には原子がないので表面原子の位置はバルク結晶のときとは変わってくる.金属では一般に表面に垂直なz方向の原子間距離が結晶内部のそれよりもわずかに縮む.しかし,xy面での表面原子の位置はバルクと同じ構造を示す場合が多い.それを1×1構造と呼んでいる.特別な場合として半導体や一部の金属などでは,表面原子層が1原子層付近で特殊な配列をとることがある.例えばSi(111)面では7×7構造が現れる.この構造ではSiの[110]方位に7原子,等価な同方位に7原子でつくられる平行4辺形が大きな基本周期となった構造である.表面原子はバルク結晶を2分したときのものに比べて極端に少なく,その下の層も積層欠陥が周期的に入った構造となる.この構造は830℃以下で安定であり,それ以上の温度では1×1構造に戻る.Si(100)面では2×1構造が現れる.金属ではAu(100)面が5×20構造を示す.Au(100)面の最終表面に1原子層のAu(111)面が重なっている.この(111)面と下の(100)面との間で原子の不整合が起こり,5×20という長周期の原子配列を作ることとなる.このように表面においてバルクの結晶構造と異なった原子配列をとることを表面再構成(surface reconstruction)と呼んでおり,特に半導体表面では,ある特定な面において表面再構成した原子層が現れる.しかし,多くの場合,結晶が成長する高温において結晶表面はバルク結晶と同じ配列の1×1構造を示す.したがって成長している低指数面の表面においては,バルクの結晶と同じ原子配列が実現していると考

えられる．なお，表面原子の再構成は超高真空中における低速電子回折（LEED）や反射高速電子回折（RHEED）により実証されている．LEEDでは入射電子線のエネルギーを低くし，表面近傍の原子からの回折を得る方法であり，RHEEDでは高速電子を表面すれすれに入射させることで表面原子との相互作用を強くし，表面からの回折を得る方法である．図2-8にSi(111)面7×7構造のLEED図形を示す．強度の強いスポットが1×1構造，つまりバルク結晶を(111)面で2分したときの構造によるものであり，その間に7×7構造のスポットが$n/7 \times m/7$の位置に現れている．その後，走査トンネル顕微鏡（STM）によってSi(111)面の原子が観察され，それをもとに高柳は高速電子回折の強度からSiの7×7構造の原子モデルを提案した．そのモデルを図2-9に示す．第1原子層は黒丸で示される平行4辺形の中に本来49個の原子があるべきところに12個の原子があり，第2原子層

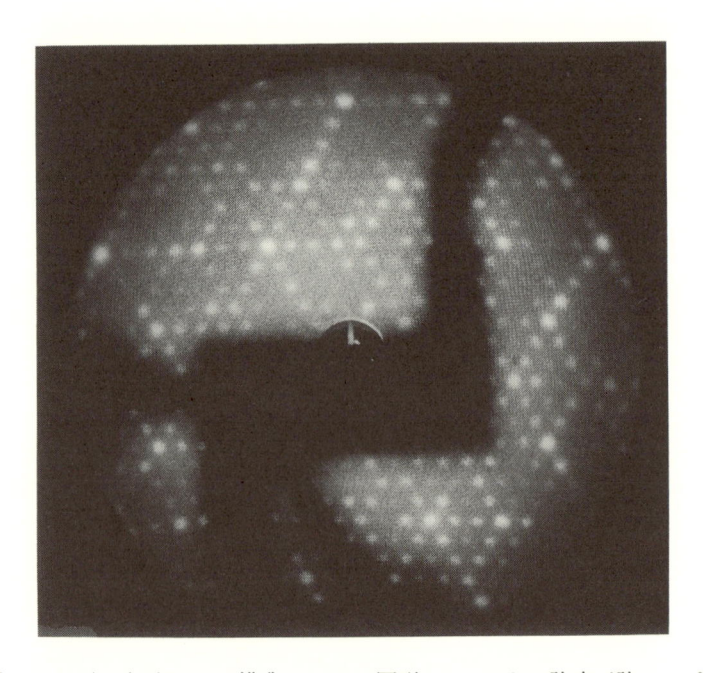

図2-8 Si(111)面の7×7構造のLEED図形．7つおきの強度が強いスポットはダイヤモンド構造による1×1構造のものである．

2.2 表面の原子配列

(a)

[īī0]

[īī2] ← F U → [11ī]

吸着原子 (Adatom)

(b)

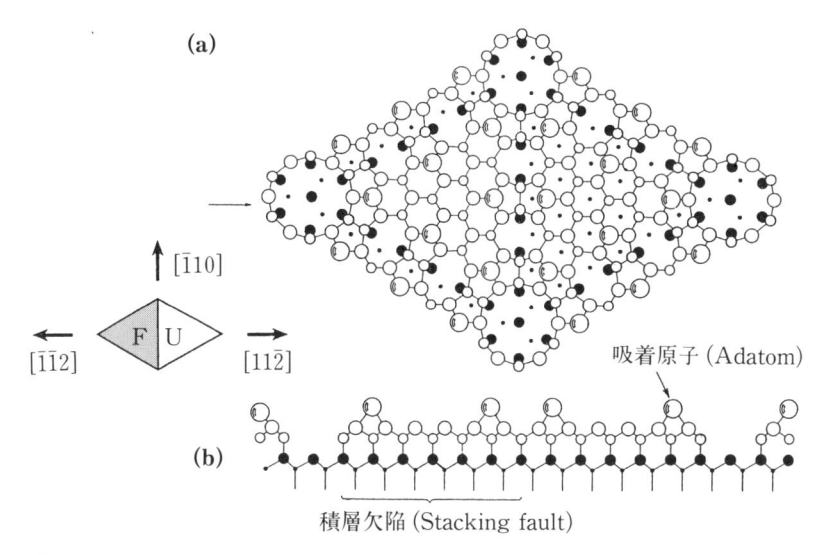

積層欠陥 (Stacking fault)

図 2-9 Si 7×7 構造の原子模型．(a)図は上から見た図で(b)図は側面図．大きい丸が最上層の吸着原子を示している．左半分に積層欠陥が入っている．左図の F がそれに相当し，U の部分は積層欠陥が入っていない正規の部分である．

には平行 4 辺形の半分の 3 角形の部分に積層欠陥※が存在する．Si, Ge, GaAs などの半導体では共有結合をもつため表面に原子が不飽和結合手（ダングリングボンド）をもつこととなり，不安定になるのでこのような表面再構成が生じると考えられている．

各物質の表面についての研究がいろいろな方法によって行われている．いま述べたように半導体や特殊な物質の特定の結晶表面において表面再構成がみつかっているが，その他のものはバルク結晶をある結晶面で分割したときに生じる原子配列が表面に現れることがわかっている．

※ 積層欠陥は 1 つの面欠陥であり，これについては格子欠陥の章で詳しく説明する．

第3章 核形成

3.1 均質核形成

　核形成とは気相から液相や固相が発生する場合，あるいは液相から固相が発生する場合の新相ができる始まりのことをいっている．新しい相ができるとすぐに成長を開始する．実験的に核形成と成長を区別するのは難しい．非常に小さいものを単に核という場合もあるが，もともと核とはエネルギー論の立場から定義されたものである．

　核形成は均質核形成と不均質核形成の2種類に分類される．均質核形成は他のものを媒介とすることなくそれ自身で核を作ることであり，それに対して不均質核形成は不純物，異物や容器の壁，結晶の表面上などの何かの物質を媒介として核が形成されることをいう．均質核形成に比べると，不均質核形成は核形成に都合のよい場所で起こり，小さなエネルギーで核が形成される．例えば，気相から固相が生まれるときを考えよう．気相が過飽和状態になっているとする．それはその気体の圧力がその温度における平衡蒸気圧以上になっている状態であり，気体はその一部を固化することによりエネルギーを下げ，平衡蒸気圧に近づこうとする．ある温度 T_0 で決まる平衡蒸気圧を P_0，実際の気体の圧力を P とする．ここで $\alpha=(P-P_0)/P_0$ を過飽和度と定義する．$\alpha=0$ の場合にはその気体は平衡蒸気圧そのものであり $(P=P_0)$，その気体から固相は形成されない．$\alpha>0$ であれば気相から固相が発生する．

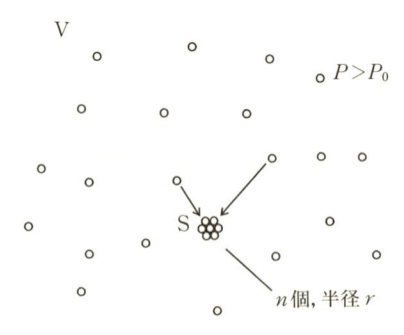

図3-1 気相における結晶の核形成.

　図3-1に示されるように均一で過飽和な雰囲気中(V)で気体原子が集まって半径rの球形の固相の結晶(S)ができるとする．原子1個の体積をvとすると，$4\pi r^3/3$の体積の中には$4\pi r^3/(3v)$個の原子が存在する．気体は過飽和状態にあるので，気相の化学ポテンシャルμ_Vは固相の化学ポテンシャルμ_Sより高く，$\Delta\mu=\mu_V-\mu_S>0$が成り立つ．気相から固相へ相変態したとすれば1原子当たり$\Delta\mu$だけエネルギーが下がる．したがって，半径rの球の固相ができると$(4\pi r^3/3v)\cdot\Delta\mu$のエネルギー減少分が気相の中に生じる．一方，固相の表面は内部の状態とは異なり，個々の表面原子は気相側に不飽和結合手をもっている．これが表面特有のエネルギーであり，表面エネルギーという．表面の面積が増加すると表面エネルギーも増加する．このとき，単位面積当たりの表面エネルギーをσとすると，固相の球の表面積との積$4\pi r^2\sigma$のエネルギーが増加分として加わる．したがって，気相(V)の一部が固相(S)に相変態したときの前後のギブスの自由エネルギー変化量ΔGは

$$\Delta G=-\frac{4}{3}\pi r^3\cdot\frac{1}{v}\cdot\Delta\mu+4\pi r^2\sigma \tag{3-1}$$

と書ける．この式のrに対する各項の変化を示すと，図3-2のようになる．(3-1)式の第1項ではr^3で減少し，第2項ではr^2で増加する．その和は実線のようになり，$r=r^*$においてエネルギー最大値をもつ．

　(3-1)式を微分して$\dfrac{d\Delta G}{dr}=0$となるときのr^*を求めると

3.1 均質核形成

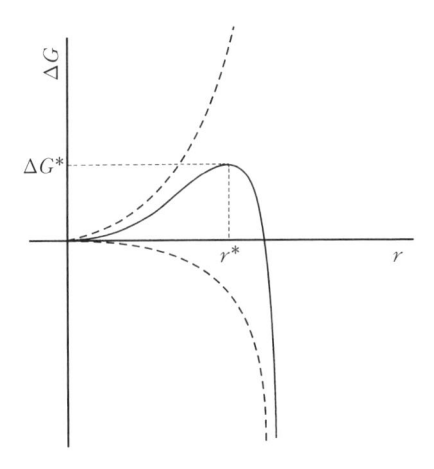

図 3-2 核形成におけるギブスの自由エネルギー変化.

$$r^* = \frac{2\sigma v}{\Delta \mu} \quad (3\text{-}2)$$

となり，r^* を臨界核半径という．そのときの ΔG の大きさは(3-1)式に(3-2)式を代入すると

$$\Delta G^* = \frac{16\pi\sigma^3 v^2}{3\Delta \mu^2} \quad (3\text{-}3)$$

となる．これを臨界核の形成エネルギーという．$\Delta \mu$ は(1-12)式より

$$\Delta \mu = kT \ln \frac{P}{P_0} = kT \ln(1+\alpha) \quad (3\text{-}4)$$

であるから過飽和度 α が大きいほど $\Delta \mu$ は大きくなり，それに伴い r^* は小さくなり，ΔG^* も小さくなる．

核形成のエネルギー曲線をみると，結晶の半径が大きくなると ΔG が増加していくが，ある r^* 以上になると ΔG が減少する．r^* の大きさになるまではエネルギーが増加していくので核成長は起こりにくい．核は1原子から始まって，気体原子が衝突・会合して2原子，3原子とクラスターをつくる．しかし，臨界核の大きさに至るまでは成長するよりも解体する方向に向かう．臨界核では成長に向かう力と解体に向かう力が釣り合っている．いっ

たん核が臨界核以上の大きさになると，急速に成長していく．このようなことから臨界核より小さいクラスターをエンブリオ（embryo）と呼んでおり，核と区別している．成長に対するエネルギー変化からいえば，ほとんどのエンブリオは臨界核には発達しない．ごく少数のものが核として生き残れる．

臨界核の半径 r^* をもつとき核は球の形をもつので，結晶核の平衡蒸気圧 $P(r)$ は (1-39) 式に (3-2) 式を代入して

$$P(r) = P_0 \exp\left(\frac{2\sigma}{r^*} \cdot \frac{v}{kT}\right) = P_0 \exp\left[\frac{2\sigma}{2\sigma v/\{kT \ln(P/P_0)\}} \cdot \frac{v}{kT}\right] = P \quad (3\text{-}5)$$

となり，まわりの過飽和蒸気圧 P と当然一致している．外圧 P のもとでは臨界核の平衡蒸気圧は外圧 P に等しく，気相の化学ポテンシャルと臨界核の化学ポテンシャルが一致している．それは平衡状態にあり，核の大きさ r が臨界核 r^* より小さいときには核の化学ポテンシャルは気相のそれより高く，逆に臨界核 r^* を越せば核の化学ポテンシャルは気相よりも小さくなる．その様子は図 1-9 に示されている．

核が形成されるためには，核形成エネルギー ΔG^* のエネルギー障壁を越さなければならない．このようなエネルギー障壁を越えるのは熱的ゆらぎによって起こるのであり，その起こる確率は $\exp(-\Delta G^*/kT)$ に比例する．つまり kT の熱エネルギーの助けを借りてエネルギー障壁 ΔG^* を乗り越えるというものである．核の発生する確率，すなわち単位時間，単位体積中に発生する核の数を核形成速度 J といい，これは $\exp(-\Delta G^*/kT)$ に比例する．

$$J \propto \exp\left(-\frac{\Delta G^*}{kT}\right) \quad (3\text{-}6)$$

ある過飽和度が存在するときには（$\alpha > 0$），$\Delta \mu$ は正の値になる．過飽和度 α が大きいときには $\Delta \mu$ が大きくなるため (3-3) 式の ΔG^* が小さくなり，その結果 J は増加し，核形成が起こりやすくなる．その様子を図 3-3 に示した．核形成の理論によると核形成速度 J は

$$J = Z \cdot n \cdot S \frac{P}{\sqrt{2\pi mkT}} \exp\left(-\frac{\Delta G^*}{kT}\right) \quad (3\text{-}7)$$

と書き表せる．n は単位体積中の原子の数，S は核の表面積，$P/\sqrt{2\pi mkT}$

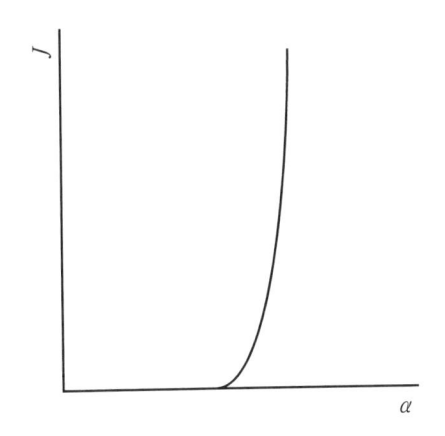

図 3-3 過飽和度 σ に対する核形成速度 J の変化.

は核に衝突する単位面積当たりの原子数を表している※. Z はゼルドヴィッチ (Zeldovich) 因子といい, 非平衡因子であり, 通常の実験では 10^{-2} 程度である. この exp の前にある項は, exp 項に比べてあまり重要ではない. exp $(-\Delta G^*/kT)$ の項は過飽和度および温度に強く依存し, それによる変化が大きい. (3-7)式より, どの程度の過飽和度 α で実際にどのくらいの数の核が発生するのか調べると, 理論と実測値が大体一致していることがわかる.

この核形成の理論は相変態には基本的な考え方として必ず登場する. いま述べたのは気相から固相の発生に関する単純な理論である. もとは気相から小さな液滴の核が形成される場合の理論であり, 気相から液相ができる際にもそのまま適用できる. それを拡張して固相内析出にも同じ考え方が使われるが, 表面エネルギーの代わりに界面エネルギーが入り, さらにそれに伴う歪エネルギーが入るため少し複雑になる. 核形成は "もの" の生まれ始めに対する1つの基本的理論であり, いろいろな場合に応用されている.

いま述べてきた核形成理論では気相から液相や, 固相ができる場合に核の形を球と仮定した. 気相から液相が形成される場合, 液体は原子の並びに異

※ この式は気体運動論で出てくるものであるが, その導出は巻末に示す.

方性がないので球として取り扱って不都合はない．表面エネルギーが最も小さくなる形は表面積最小の球形であるからである．しかし，固相の核では，全体として球形に近いが，低指数面が表面に出た多面体の結晶形をとる．ここでは図3-4に示されるような結晶構造が単純立方格子をもち，その核の形が{100}面で囲まれた立方体であると仮定する．1辺の長さはxで，各面の表面エネルギーは単位面積当たりσとする．その核が過飽和気相中にできたとする．いままでと同様にΔGは次式で表される．

$$\Delta G = -\frac{x^3}{v}\Delta\mu + 6\,x^2\sigma \tag{3-8}$$

vは1原子当たりの体積であり，x^3の中にx^3/v個の原子が存在する．それが気相から固相に凝縮を起こすので，エネルギー減少分は第1項で表される．$\Delta\mu$は気相から固相に相変態するときの化学ポテンシャル変化であり，(3-4)式より正の値をもつ．第2項は表面エネルギーの増加分を示している．前と同様に極大の条件を求めると

$$\frac{d\Delta G}{dx} = -\frac{3\,x^2}{v}\Delta\mu + 12\,x\sigma = 0 \tag{3-9}$$

$$x^* = \frac{4\,\sigma v}{\Delta\mu} \tag{3-10}$$

$$\Delta G^* = \frac{32\,\sigma^3 v^2}{\Delta\mu^2} \tag{3-11}$$

となる．

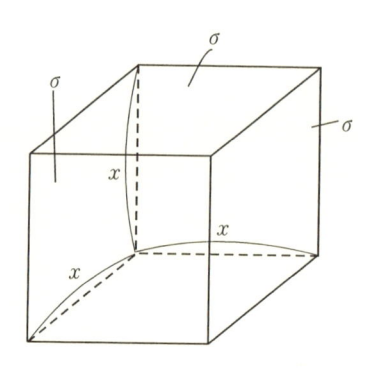

図3-4 σの表面エネルギーをもつ単純立方格子．

いま，固体の物質が定まっている場合にはσとvが一定であり，x^*の大きさは化学ポテンシャルの差$\Delta\mu$に依存する．$\Delta\mu$は(3-4)式で与えられ気相の過飽和度αにより変化する．過飽和度αが大きいと臨界核の大きさx^*は小さくなり，核形成エネルギーΔG^*も小さくなる．多面体の核の場合でも球形の場合と同じようにして計算され，過飽和度αが決まると臨界核の大きさが決まり，核形成速度Jが求まる．

3.2 不均質核形成

気相空間中で核が形成する場合を均質核形成と呼んだが，気相中で不純物，ごみ，異物，容器の壁などを媒介として核形成が起こることを不均質核形成と呼ぶ．

最初は J. J. Thomson によって，気相中でガス中に存在するイオンのまわりに核形成が起こりやすいということが指摘された．不均質核形成はそれぞれの場合で扱いが異なり複雑である．そこで多くの場合，気相中で基板表面上に他の物質を凝縮させたときの核形成を取り扱っている．核形成の古典である Hirth and Pound の Condensation and Evaporation によると，不均質核形成では，ⅰ）清浄表面上の核形成，ⅱ）平坦ではない清浄表面上の核形成，ⅲ）汚れた表面上での核形成について書かれているが，ここでは平坦な清浄表面上の核形成を取り扱う．

いま，過飽和蒸気で充満している空間に基板が置かれているとしよう．基板面は結晶表面やガラス表面等でよい．清浄表面とは酸化物や吸着物などをすべて取り除き，表面の原子が露出した状態をいう．基板表面の温度はTに保たれている．過飽和蒸気圧の圧力はPであり，その蒸気が凝縮したときの液体の温度Tにおける平衡蒸気圧はP_0である．したがって$\Delta P = P - P_0$の分だけ過飽和となっている．まず，物質Bの基板表面上にAの液滴が安定に形成される形態を求める．図3-5に示されるように，AはBの表面に対して接触角θをもって冠球状に付着している．冠球は液滴であるから，表面張力によりいかなる部分でも曲率半径rをもっている．重力によ

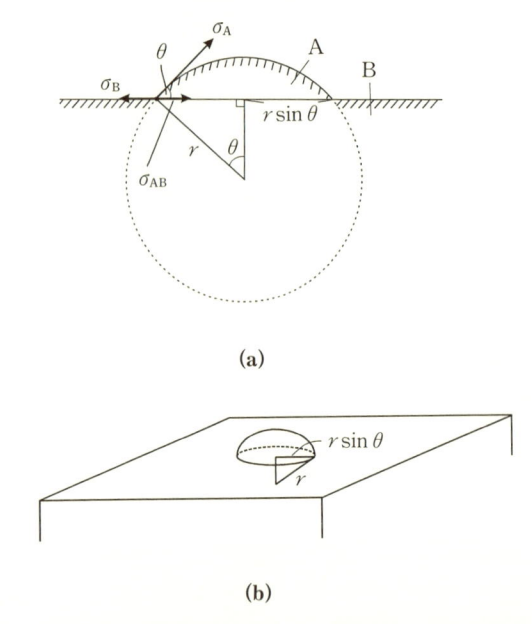

図 3-5 基板上の液滴の形成．（a）断面図，（b）立体図．

る影響は考えないものとし，液滴の表面エネルギーを σ_A，基板の表面エネルギーを σ_B，基板と液滴との界面エネルギーを σ_{AB} とすると，接触角 θ は次式で表される．

$$\sigma_B = \sigma_{AB} + \sigma_A \cos \theta \tag{3-12}$$

この式は基板表面上の液滴の安定な形態を決めるものであり，ヤング（Young）の式といわれている．液滴は基板と接触する円周上の各点において，液滴を拡げさせようとする力 σ_B と縮めようとする力 $\sigma_{AB} + \sigma_A \cos \theta$ が釣り合っていることから生じている．2つの物質 A，B が定まると σ_A，σ_B，σ_{AB} が一定値をもつので，液滴の接触角 θ は一定となり，液滴の半径が変化してもこの関係は常に成り立つ．

　物質 A の過飽和蒸気圧中で基板上に半径 r の A の液滴が接触角 θ をもって形成されたとする．そのときのギブスの自由エネルギー変化量 ΔG は

3.2 不均質核形成

$$\Delta G = -\frac{4}{3}\pi r^3 \cdot \frac{1}{v}(1-\cos\theta)^2(2+\cos\theta)\Delta\mu$$
$$+\pi(r\sin\theta)^2(\sigma_{AB}-\sigma_B)+2\pi r^2(1-\cos\theta)\sigma_A \quad (3\text{-}13)$$

と書かれる．ここで第1項は冠球の体積が気相から固相に相変態した際のエネルギーの減少分で，負の値をもつ．第2項は液滴が基板表面上に接触したときに生じる表面・界面のエネルギー変化分である．液滴形成前まで存在した表面エネルギー σ_B が消失し，新たに界面エネルギー σ_{AB} が生じている．第3項は冠球の表面エネルギー増加分※ である．(3-13)式は r^3 で減少する体積効果と r^2 で増加する面積効果分との和となっており，均質核形成の場合と類似している．前と同様にして $\frac{d\Delta G}{dr}=0$ から r^* を求めると

$$r^* = \frac{2\sigma_A v}{\Delta\mu} \quad (3\text{-}14)$$

となる．不均質核形成の形成エネルギー ΔG^* を求めると

$$\Delta G^* = \frac{16\pi\sigma_A^3 v^2}{3\Delta\mu^2} \cdot \frac{(1-\cos\theta)^2(2+\cos\theta)}{4} \quad (3\text{-}15)$$

となる．臨界核半径 r^* は均質核形成のときの(3-2)式と一致している．核形成エネルギー ΔG^* は $\theta=\pi$ のときに(3-3)式の均質核形成エネルギーに一致する．均質核形成の核形成エネルギーを ΔG^*_{hom}，不均質核形成のそれを ΔG^*_{het} で表すと，θ が $0<\theta<\pi$ の範囲では $\Delta G^*_{\text{het}}<\Delta G^*_{\text{hom}}$ となる．θ の変化に対する ΔG^*_{het} の変化を図3-6に示した．不均質核形成の場合には，基板上の安定な形態は σ_A, σ_B, σ_{AB} の大きさで定まる接触角 θ によって決まる．また気相の過飽和度の大きさによって臨界核の半径が決まる．その半径は均質核形成のときのものと同じである．均質核形成のときの核が球であるのに対して不均質核形成では接触角 θ によって臨界核の大きさが決まる冠球となり，臨界核は小さくなる．つまり，過飽和度一定の条件下では均質核形成においては半径 r の球が臨界核になるのに対し，基板が存在するときはその球の一部を残して切り落とされた形が核となる．球が切り取られる度合いは表面・界面エネルギーの平衡式であるヤングの式で決まる．θ がヤングの

※ 冠球の体積および表面積の求め方は巻末に示してある．

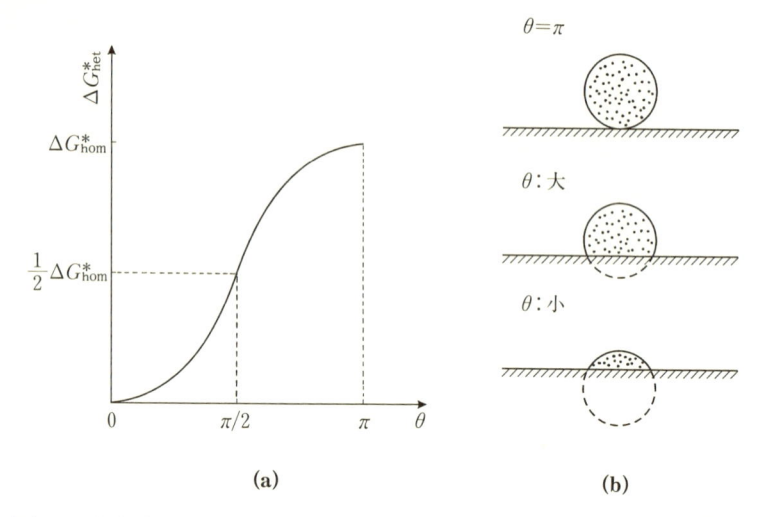

図3-6 接触角 θ の変化に対する核形成エネルギーの変化(a)と形態変化(b).

式において0に近づくと臨界核は極めて小さくなり，核形成が容易に行われる．均質核形成の場合，臨界核半径 r^* の核の平衡蒸気圧と外界の気相の蒸気圧とが等しいという条件が成立したが，不均質核形成の場合でも臨界核の形が球の一部であるから同じ曲率をもつ．したがって，気相と固相の蒸気圧の関係はまったく同じになる．ただし，下方が切り取られた形を保つので臨界核の原子数は少なくなる．これより，臨界核形成の形成エネルギーも小さくなり，均質核形成に比べると核形成速度は大きくなる．

ここまでは基板表面上に冠球状の液相の液滴ができる場合を考えたが，この液滴を固相と考えてもそう大きな違いはない．つまり固相の平衡形を球で考えればよい．しかし，実際には平衡形は全体的に球に近いが，低指数面で切り取られた多面体が出現するため少し変わってくる．以下，結晶の平衡形が立方体の形をもつとして，それが基板上である深さだけ切り取られた形態の核形成について述べる．

前と同様に物質 A の過飽和雰囲気中に基板 B が置かれるとし，図3-7のように A の物質は結晶で単純立方格子をとり，{100}面で囲まれた立方体の

3.2 不均質核形成

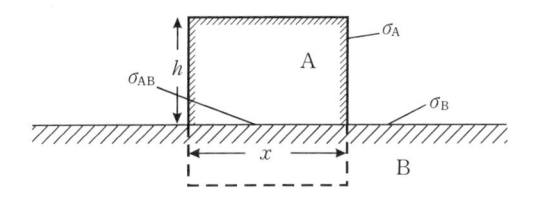

図 3-7 基板上の結晶核の形成.

形をもつとする．各面の表面エネルギーはいずれも σ_A である．自由空間でこの立方体の形態がエネルギーの最も低い平衡形と仮定する．基板上の液滴の形成と同じように基板 B の影響を受けて立方体の下部が上面に平行に切り取られたとする．立方体の 1 辺を x，切り取られた残りの高さを h とする．この結晶が基板表面上に形成されるときのギブスの自由エネルギー変化分 ΔG は

$$\Delta G = -\frac{x^2 h}{v}\Delta\mu + x^2\Delta\sigma + 4xh\sigma_A \qquad (3\text{-}16)$$

となる．ただし

$$\Delta\sigma = \sigma_A + \sigma_{AB} - \sigma_B \qquad (3\text{-}17)$$

である．σ_A は物質 A の {100} 面の表面エネルギー，σ_B は基板 B の表面エネルギー，σ_{AB} は AB の間の界面エネルギーである．ここで，第 1 項は過飽和気体が凝結したエネルギー得分，第 2 項は上面と下面の表面・界面エネルギーの変化分，そして第 3 項は結晶の側面の表面エネルギー増分を示している．

h/x は結晶の形を決めるパラメータであるが，これは σ_A，σ_B，σ_{AB} の大きさによって決まる．結晶の体積を一定 ($x^2 h = V$) にして ΔG の最小値を求めると，表面・界面エネルギーの最小値を与える条件式は(3-16)式を

$$\Delta G = -\frac{V}{v}\Delta\mu + x^2\Delta\sigma + 4\frac{V}{x}\sigma_A \qquad (3\text{-}18)$$

と変形し

$$\frac{d\Delta G}{dx} = 2x\Delta\sigma - 4\frac{V}{x^2}\sigma_A = 0$$

から

第3章 核 形 成

$$\frac{x}{h}=\frac{2\,\sigma_A}{\Delta\sigma} \tag{3-19}$$

を得る．これが基板表面上における平衡形を決める式である．さて，この平衡形を維持した状態で結晶の臨界核の大きさを求めると，$\frac{d\Delta G}{dx}=0$ の条件から

$$x^*=\frac{4\,\sigma_A v}{\Delta\mu},\quad h^*=\frac{2\,\Delta\sigma\cdot v}{\Delta\mu} \tag{3-20}$$

となり，そのときの ΔG の値は ΔG^* で表し，

$$\Delta G^*=\frac{16\,\sigma_A^2 \Delta\sigma\cdot v^2}{\Delta\mu^2} \tag{3-21}$$

となる．基板と蒸着物の物質が決まっているとき，臨界核の大きさは過飽和度が大きくなると $\Delta\mu$ が増大し，その結果小さくなる．核形成エネルギーも同様に減少する．(3-20)式，(3-21)式を液滴モデルの場合と比較すると(3-14)式，(3-15)式に対応している．その差は核の形状の幾何学的因子の違いによっている．

ここで，基板と蒸着物の間に接着エネルギー γ を導入する＊．これは両者の間に働く結合エネルギーである．

$$\gamma=\sigma_A+\sigma_B-\sigma_{AB} \tag{3-22}$$

γ の変化により x/h および ΔG^* の変化を表すと

＊ (3-22)式は $\sigma_{AB}=\sigma_A+\sigma_B-\gamma$ と変形され，界面のエネルギー σ_{AB} の定義式でもある．例えば，同一物質の同じ面指数をもつAとBの面を同じ方位に接合するとすれば，その間に働くエネルギー γ は $2\sigma_A$ である．したがって，上式から $\sigma_{AB}=\sigma_A+\sigma_A-2\sigma_A=0$ が成り立ち，界面は完全に接合し，界面は消失し，$\sigma_{AB}=0$ となる．少し回転して接合すると，ねじり境界が生じ，それによる結合力減少分が σ_{AB} に相当している．

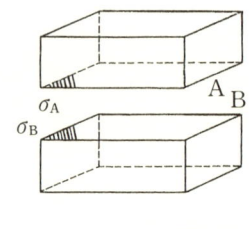

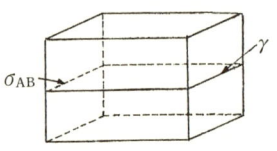

3.2 不均質核形成

$$\frac{x}{h} = \frac{2\,\sigma_A}{2\,\sigma_A - \gamma} \tag{3-23}$$

$$\Delta G^* = \frac{16\,\sigma_A^2(2\,\sigma_A - \gamma)v^2}{\Delta \mu^2} \tag{3-24}$$

となる．

図 3-8 に示されるように，基板と蒸着物との間にまったく接着力が働かない場合には $\gamma=0$ であり，h^* は x^* に一致し ΔG^* は均質核形成の場合と一致する（$\Delta G^*_\text{het} = \Delta G^*_\text{hom}$）．$\gamma=\sigma_A$ の場合には平衡形をちょうど半分切り取った形となる．γ が $2\sigma_A$ に近づくと，臨界核の形態は薄板状となる．γ が 0 から $2\sigma_A$ に変化するのに対して核の形成エネルギー ΔG^* は図 3-9 に示されるように線型に減少する．γ が 0 に近づくとき，臨界核の体積は大きくなるので，臨界核の形成エネルギーが大きくなり，基板上で核形成が起こりにくくなる．逆に，γ が $2\sigma_A$ に近づくと臨界核の体積が小さくなり，そのエネルギーも小さく核形成が起こりやすくなる．過飽和度が小さくても核が形成

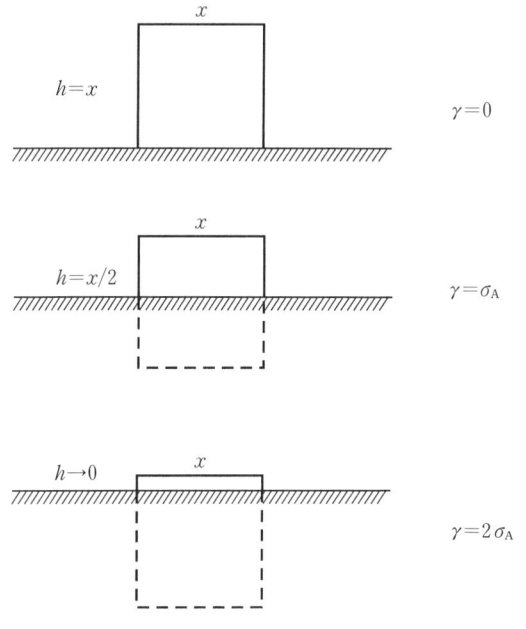

図 **3-8** 接着エネルギー γ の変化に対する基板上の平衡形の形態．

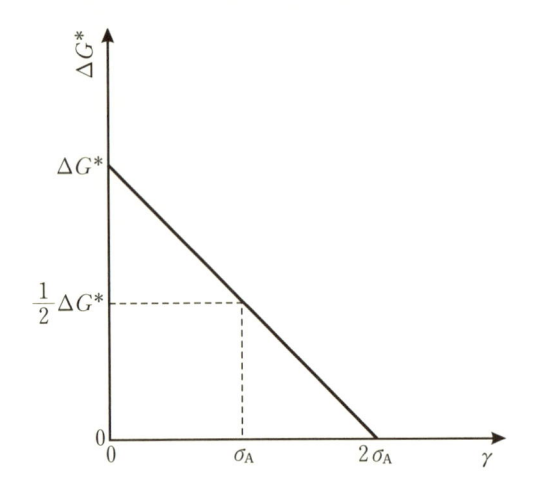

図 3-9 接着エネルギー γ の変化に対する核形成エネルギー ΔG^* の変化.

される.

(3-21)式は臨界核の形成エネルギーを示し,核形成速度 J は

$$J \propto \exp\left(-\frac{\Delta G^*}{kT}\right) \tag{3-25}$$

のように比例している. ΔG^* は $\Delta\sigma$ について書き直せば

$$\Delta G^* = \frac{K\sigma_A^2(\sigma_A + \sigma_{AB} - \sigma_B)}{\Delta\mu^2} \tag{3-26}$$

と表される.K は係数である.ΔG^* の大きさはA,Bの面が具体的に決まっているときにA,B界面の σ_{AB} によって変化する.A,Bのお互いの回転角 θ の違いによって,異なった σ_{AB} の値をとる.実際の核形成は核のエネルギーが低いほど起こりやすいので,σ_{AB} が最小のものが選ばれる.そのとき,Bに対するAの結晶学的方位が決まる.それに対し,別の方位で核形成が起これば ΔG^* が大きくなり,その核形成速度は非常に小さくなる.したがってこのような結晶は成長しない.これが,基板表面での結晶成長において特定の方位関係をとって成長するエピタキシャル成長の起こる理由である.

3.3 不均質核形成における核形成速度

基板表面上に気相から液滴が凝結する場合の核形成速度を求める．ここでは液滴として取り扱うが，これは固相の核形成の場合にも適用される．液滴の核と固相の核との違いは核の形状である．核形成エネルギー ΔG^* の中に幾何学的因子が入るだけである．したがって，核が液相でも固相でも同じように議論できる．

核形成速度，つまり基板上に単位面積，単位時間当たり形成される核の数 J は

$$J = Z\omega^* n^* \qquad (3\text{-}27)$$

で表される．ω^* は振動数因子，n^* は単位面積当たりの核の数，Z は非平衡係数を表している．ω^* は核のまわりに存在する吸着原子が核に到達する頻度である．気相の圧力は P であり，温度は T である．気相から基板に衝突する回数は単位面積当たり $P/\sqrt{2\pi mkT}$ で与えられる．いま気相から表面上に流入する原子数と吸着原子が再蒸発する流出速度が等しいという定常状態を考える．表面から吸着原子が蒸発する確率 q は

$$q = \nu \exp\left(-\frac{E_{\mathrm{des}}}{kT}\right) \qquad (3\text{-}28)$$

で与えられる．E_{des} は気相の原子が基板に吸着し，そこから脱離するときの脱離エネルギーである．ν は固体の振動数 $10^{13}/\mathrm{sec}$ をとる．n_{S} を吸着原子の基板上の平衡濃度とすると，単位時間当たり $n_{\mathrm{S}}\nu \exp(-E_{\mathrm{des}}/kT)$ の個数の原子が蒸発する．それと衝突数が一致しなければならない．したがって

$$n_{\mathrm{S}}\nu \exp\left(-\frac{E_{\mathrm{des}}}{kT}\right) = \frac{P}{\sqrt{2\pi mkT}} \qquad (3\text{-}29)$$

となる．一方，臨界核に原子が入る頻度 ω^* は，基板上の吸着原子の濃度 n_{S} に幅が1原子分の距離 a をもつ核のまわりの面積と表面拡散因子を乗じたものになる．

$$\omega^* = n_{\mathrm{S}} 2\pi r^* \sin\theta \cdot a \cdot \nu \cdot \exp\left(-\frac{E_{\mathrm{sd}}}{kT}\right) \qquad (3\text{-}30)$$

E_{sd} は吸着原子の表面拡散の活性化エネルギーである．ここで $2\pi r^* \sin\theta$ は核が冠球状の形態をとったときの円周であり，θ は接触角である．

単位面積当たりの臨界核の数は，一般に平衡濃度として

$$n^* = n_0 \exp\left(-\frac{\Delta G^*}{kT}\right) \tag{3-31}$$

と表される．ΔG^* は(3-15)式で与えられる．n_0 は基板表面の格子点の数である．したがって，核形成速度 J は(3-29)，(3-30)，(3-31)式から

$$J = Z\omega^* n^* = Z\frac{P}{\sqrt{2\pi mkT}} 2\pi r^* \sin\theta \cdot a \cdot \exp\frac{E_{des} - E_{sd}}{kT} \cdot n_0 \exp\left(-\frac{\Delta G^*}{kT}\right) \tag{3-32}$$

となる．Z はゼルドヴィッチ（Zeldovich）因子で定数である．これが不均質核形成の核形成速度の最終的な式である．このことから，J は核形成エネルギーにだけ依存するのではなく，E_{des} や E_{sd} にも依存することがわかる．

第4章 表面エネルギー

4.1 結晶の表面エネルギー

　結晶の表面エネルギーは表面上の結合手の強さを単位面積で割ったものである．図4-1に示すように固体中のある結晶面における1原子当たりの結合の強さをφとし，その面で結晶を2つに割ると考える．1原子当たりの面積をSとすると表面エネルギーσ_0は次式で表せる．

$$\sigma_0 = \frac{\varphi}{2} \times \frac{1}{S} \tag{4-1}$$

1つの面で結晶を割ると2つの表面ができる．1原子当たりの結合がφであるから，表面上に露出している結合の強さは1原子当たり$\varphi/2$となる．つまり，表面エネルギーは表面における単位面積当たりの結合の強さを表している．結合の強さはエネルギーの単位で与えられ，表面エネルギーはJ/m^2の単位をもつ．厳密にいえば，結晶を2つの結晶に分割し2つ結晶表面が現れたとき，表面での原子の再配列が起こったり，電子状態の変化があったりするので，固体中の原子当たりの結合の強さの1/2とはならない．しかしこの問題には詳しく立ち入らない．(4-1)式の表面エネルギーは絶対零度におけるものである．ある温度に対する表面エネルギーσは表面自由エネルギーと呼ばれ，

$$\sigma = \sigma_0 - TS \tag{4-2}$$

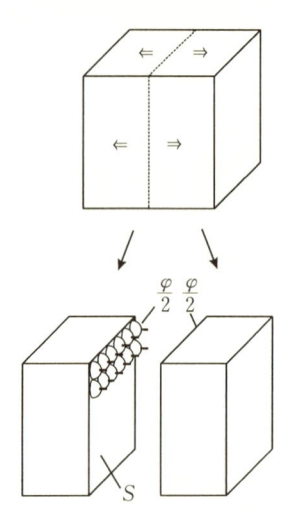

図4-1 結晶を2分することによる表面の形成.

と表される．T は絶対温度であり，S はエントロピーである．結晶成長では一般に高温で起こる現象であるから，本来 σ を用いなければならない．しかし，ここでは簡単のため，TS の項は小さいとして表面エネルギーで議論を進める．

いま，単純立方格子の構造をもつ結晶の(001)面の表面エネルギーを求めてみよう．図4-2に示すように(001)面を構成している下の面 ABCD と上の面 EFGH をその中間の点線の位置で2つに分割する．A 原子に注目すれば，A 原子と上の半結晶の原子との引き離しは，A 原子と，E，F，G，H などの原子との結合を切ることと同等である．A 原子に最も近い距離にある原子は E 原子であり，その距離は格子定数 a だけ離れている．次に近い原子は F および H 原子であり，$\sqrt{2}\,a$ の距離にある．次は G 原子で $\sqrt{3}\,a$ の距離にある．A 原子とそれらの原子との間の結合エネルギーは距離が近いほど大きい．A，E の結合エネルギーを φ_1，A，F のそれを φ_2 とする．まず，最近接の原子 E だけの結合を考えると，A 原子の結合エネルギー φ は $\varphi = \varphi_1$ となり，A 原子が占める a^2 の面積当たり φ_1 の結合エネルギーを

4.1 結晶の表面エネルギー

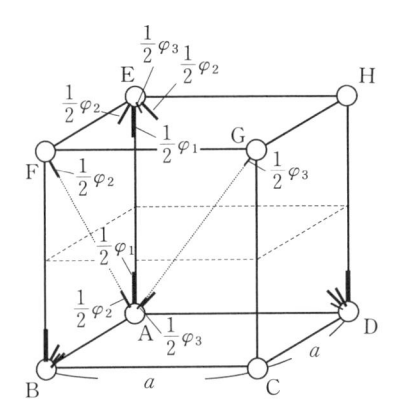

図 4-2 単純立方格子の(002)面で分割したときの原子の結合.

断ち切って2つの表面ができるので，(001)面の表面エネルギー σ_{001} は

$$\sigma_{001} = \frac{1}{2}\varphi_1 \cdot \frac{1}{a^2} \tag{4-3}$$

で与えられる．第2近接原子FやHまで考慮すれば，その数は4本あるから，$\varphi = \varphi_1 + 4\varphi_2$ となり，

$$\sigma_{001} = \frac{1}{2}\varphi_1 \cdot \frac{1}{a^2} + \frac{1}{2}\varphi_2 \cdot \frac{4}{a^2} \tag{4-4}$$

と表せる．φ_1 および φ_2 の大きさは原子間の相互作用のポテンシャルにより求められる．それによると，2体の原子の相互作用においてある原子から一定の間隔で離れた位置のポテンシャルが最も低く安定であり，それ以上離れると急速にポテンシャルが減少する．そこで，φ_2 が小さいものとして，簡単に(4-3)式で与えられたものとする．表面エネルギーは表面上の原子と最近接原子との結合を引き離すエネルギーと考える．原子の結合エネルギーは実験的に昇華エネルギーから概算できる．

結晶の蒸発は表面からの原子の離脱によって起こる．結晶の蒸発はステップが多数存在する高指数面から起こり，その結果次第に蒸発が起こりにくい低指数面，つまり表面エネルギーの最も小さい面が残る．この蒸発が実際の

蒸発エネルギーに対応している．表面エネルギーの小さな面では，転位やねじり境界などステップ源が存在する．また，結晶のコーナーの位置は原子の結合が小さいので，そこから蒸発が起こり，ステップを作ることもできる．蒸発はステップから原子が結晶面を移動することにより起こり，ステップは結晶面上で次第に後退していく．高温条件下においてステップ上には，熱平衡状態としてキンクが形成されている．実際には原子がこのキンク位置からテラス上に移動し，さらにテラス上から離脱して蒸発が起こる．蒸発エネルギーは，結晶表面のキンク位置から原子を自由空間に移動させるエネルギー差である．図2-5に示されるようなキンク位置から原子をはずすには，単純立方格子では3本の結合を断ち切らねばならない．内部では6本の結合手があり，キンク位置でのボンド数は結晶内部のそれの1/2となっている．いまは単純立方格子を考えたが，いずれの結晶構造をとっても，キンク位置では，結晶の内部の結合手の数をZとすると，$Z/2$の結合手をもっている．単純立方格子の場合，蒸発エネルギーをΔHとすると，

$$\Delta H = \varphi_1 \times 3 \qquad (4\text{-}5)$$

となる．一般に

$$\Delta H = \varphi_1 \times \frac{Z}{2} \qquad (4\text{-}6)$$

が成り立つ．この式からφ_1の値を求めることができる．いま，fcc構造の(111)面の表面エネルギーを求めてみよう．fccの蒸発熱ΔHは

$$\Delta H = 80 \sim 250 \text{ kJ/mol}$$

である．ΔHを160 kJ/molとすると，2.7×10^{-19} J/atomとなる．fcc(111)面を図示すると，図4-3に示されるように，最近接原子は3本であり$\varphi = 3\varphi_1$であるから

$$\sigma_{111} = \frac{\varphi_1}{2} \times \frac{1}{S} \times 3 \qquad (4\text{-}7)$$

となる．正の向きの正3角形状の原子の中心に次の原子EFGが重なる．1個の原子当たりの占有面積Sはaを格子定数とすると，

$$S = \frac{\sqrt{2}}{2}a \times \frac{\sqrt{6}}{4}a = \frac{\sqrt{3}}{4}a^2 \qquad (4\text{-}8)$$

4.1 結晶の表面エネルギー

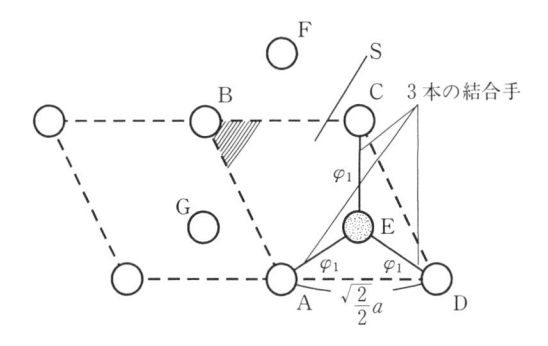

図 4-3 fcc 結晶の(111)面の原子の結合.

である．φ_1 は ΔH から求められる．fcc では最近接原子の数 Z は 12 であるから，

$$\sigma_{111} = \frac{\varphi_1}{2} \times \frac{1}{S} \times 3 = \frac{\Delta H}{Z} \times \frac{1}{S} \times 3$$

$$= \frac{2.7 \times 10^{-19} \text{ J/atom}}{12} \times \frac{1}{\sqrt{3}/4 \cdot a^2} \times 3 \text{ atom/m}^2 \quad (4\text{-}9)$$

となる．$a = 4$ Å* とすると，$\sigma_{111} = 0.98$ J/m² の値を得る．この値は実験値とおおよそ一致している．

次に fcc の(100)面の表面エネルギーを求める．図 4-4 のように単位胞の上面 ABCD が(001)面であり，AD の線の真下に面心の原子が存在し，AD の真上にある原子を P として考える．P の最近接原子は A，D の他 E，F が対等であり，4 個存在するので $\varphi = 4\varphi_1$ である．P 原子が(100)面に有する面積は 1 辺が $\sqrt{2}/2 \cdot a$ の正方形であり $1/2 \cdot a^2$ となる．したがって

$$\sigma_{001} = \frac{\varphi_1}{2} \times \frac{1}{S} \times n$$

$$= \frac{\Delta H}{Z} \times \frac{1}{1/2 \cdot a^2} \times 4$$

$$= \frac{2.7 \times 10^{-19} \text{ J/atom}}{12} \cdot \frac{1}{1/2 \cdot (4 \times 10^{-10})^2 \text{ m}^2} \times 4 \text{ atom} = 1.13 \text{ J/m}^2 \quad (4\text{-}10)$$

---

* 1 Å = 0.1 nm = 10^{-10} m の関係がある．

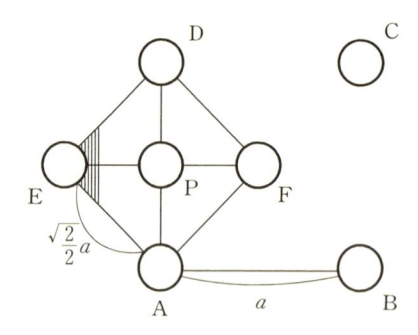

図 4-4 fcc 結晶の(100)表面の原子の結合．a は格子定数である．

と計算される．この計算は非常におおざっぱな計算である．しかしそれにもかかわらず，それぞれの表面エネルギーに大体一致しており，面指数依存性も現れている．上述の計算では σ_{111} が σ_{001} よりも小さい値を示しているが，実際 fcc では(111)面が最稠密面であり，この面の表面エネルギー σ_{111} が最も低い．高指数面はこのような(111)面や(100)面を基本として，それにステップが等間隔に並んでできあがっている．このような面は低指数の表面エネルギーに比べると，単位面積当たり，低指数面のエネルギーに加えて，ステップに新たに不飽和なボンド（結合手）ができることでさらに表面エネルギーが増加する．低指数面の表面エネルギーは低く，高指数面では高くなる．

また，分子性結晶においては $\Delta H = 40 \sim 80 \,\mathrm{kJ/mol}$ であり，金属に比べて分子間距離が 2〜3 倍大きい．これから表面エネルギーを見積もると金属よりも 1/10〜1/100 の大きさとなり，これも実際の値とほぼ一致する．結晶が成長する場合でも蒸発する場合でも，一般に表面エネルギーの小さな面が現れる．もともと表面エネルギーとは結晶にとって余分なエネルギーであり，結晶全体として表面エネルギーを小さくした方が安定だからである．

4.2 表面エネルギーの異方性

　いま，結晶が単純立方格子の構造をもつとし，結晶を構成している原子が立方体とする．そして1つの原子は6本の結合手をもつ．そして結晶の中では，6本の結合手が隣接する原子のそれと結合している．このような立方体の原子を積み重ねていくと，3次元の形態をもつ結晶ができる．その形は結晶の面が原子のオーダーで凹凸のない，平らな表面でできているとする．図2-5に示される(001)面はステップが存在するが，それがさらに原子で埋め尽くされた場合である．x, y, z各軸を図2-5のようにとると，この結晶は(100)，(010)，(001)面で囲まれている．これらはいずれも等価な面で{100}面である．最近接原子の結合エネルギーはφであり，不飽和結合手の強さは$\varphi/2$である．この{100}面の表面エネルギーは1原子が占める面積がa^2であるから，第1近似で$\varphi/(2\,a^2)$となる．aは立方体の原子の辺の長さである．

　(001)面から少し傾いた微斜面を考えよう．その面はx軸のまわりに少し回転させてできた傾斜面である．これは$(01h)$と表される(h：大)．微斜面の方向は，y軸方向であり，傾斜角はθである．その概略図を図4-5に示した．テラスとテラスをx軸に沿ったステップがつないでいる．ステップの高さは単原子階段aである．ステップの間隔λは一定であり，それは最初の回転角θに依存している．結晶学的な低指数面から少しずれた面は，ミクロにみればこのような構造をしている．もっと一般的にいえば，x軸のまわりの回転とy軸のまわりの回転によって微斜面が作られ，ステップがy方向とさらに同じようにx方向にも形成される．ここでは簡単のために図4-5に見られるようなx軸にのみ回転した微斜面について考える．この微斜面の表面エネルギーは，テラスの面の表面エネルギー分とステップの表面エネルギー分との和である．なぜなら，ステップにおいても各立方体の原子がy軸方向に不飽和結合手をもつからである．したがって(001)面の表面エネルギーに比べると，このステップの分が余分に寄与することになる．x

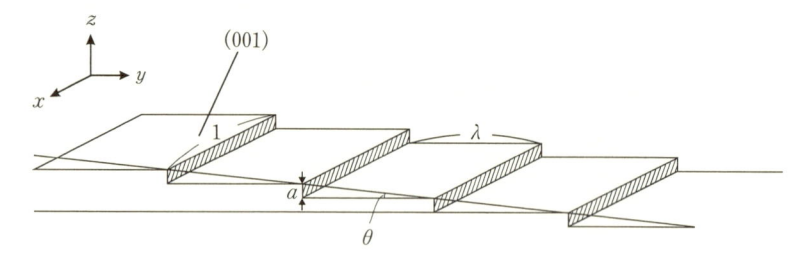

図 4-5 微斜面のステップ構造.

軸の回転角が増大すると，ステップ平均間隔は減少し，その面の表面エネルギーは増大する．微斜面の表面エネルギー $\sigma(\theta)$ は次式で表される．ステップの長さを単位長さとすると，$\sigma(\theta)$ に表面積 $\lambda/\cos\theta$ を乗じたものがその表面エネルギーであり，それは(001)面の部分にステップの部分を加えたものに等しい．

$$\sigma(\theta)\cdot\frac{\lambda}{\cos\theta}=\sigma_{010}\cdot a+\sigma_{001}\cdot\lambda \tag{4-11}$$

σ_{010} および σ_{001} は(010)面および(001)面の表面エネルギーであり，両者は等しい．それを σ_0 とおく．ここで $a/\lambda=\tan\theta$ であるから，

$$\begin{aligned}\sigma(\theta)&=\sigma_0\cdot a\cdot\frac{\cos\theta}{\lambda}+\sigma_0\cos\theta\\&=\sigma_0\sin\theta+\sigma_0\cos\theta\\&=\sqrt{2}\,\sigma_0\sin(\theta+45°)\quad 0°\leq\theta\leq90°\end{aligned} \tag{4-12}$$

これをグラフに表すと図 4-6 のようになる．傾斜角が 0° のときは(001)面に一致する．このときの σ は σ_0，すなわち(001)面の表面エネルギーの値をとる．回転角 θ が増加するにしたがい，ステップの間隔が減少する．それに伴ってステップによる表面エネルギーが増加し，全体として表面エネルギーは増加する．表面エネルギーは $\theta=45°$ のとき最大となる．ちょうどステップが階段状となり，表面原子の凹凸が最大となる．この面は(011)面である．各原子に対して不飽和結合手が 2 本となりそのエネルギーは $2\times\varphi/2$ になる．表面積は $\sqrt{2}$ 倍の $\sqrt{2}\,a^2$ に増える．表面エネルギーは $\sqrt{2}/2\cdot\varphi/a^2$ と

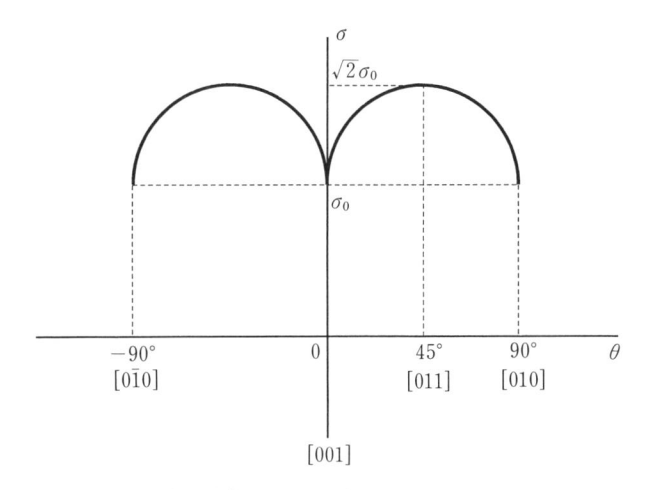

図 4-6 単純立方格子構造の表面エネルギーの異方性．

なり，(001)面と比べると $\sqrt{2}$ 倍増大している．90°回転すると面は y 軸に垂直な面，(010)面となり，もとの(001)面の場合とまったく同じ状況になる．さらに回転していき 180°回転すると(001)面の裏の面が現れる．このような場合，極座標を用いると便利である．極座標の表示法では，$\sigma(\theta)$ とし，回転角 θ による σ の大きさを表示する．θ が 0°のときは，原点から σ_0 の距離に位置を定め，θ の増加にしたがって σ の大きさを原点からの長さにとる．図 4-7 に示されるように表面エネルギーの大きさは中心からの距離で表される．σ ベクトルの垂直線が θ 傾斜した結晶面を表している．例えば $\theta=45°$のとき，つまり(011)面の表面エネルギーは $\sqrt{2}\,\sigma_0$ と表される．極座標において表される表面エネルギーは $\theta=0°$ で極小値をとり，その点で不連続となる．その点をカスプと呼んでいる．一般にカスプにおける面指数が極小の表面エネルギーとなり，成長した結晶にはその面が実際に現れやすい．表面エネルギーの異方性は結晶構造に依存している．fcc 金属においては(111)面，(110)面，(100)面などの低指数面のエネルギーが低くなる．その理由は，いずれも原子のオーダーでみて平らな表面が形成されているからである．結晶は全体の表面エネルギーをできるだけ小さくするような形を

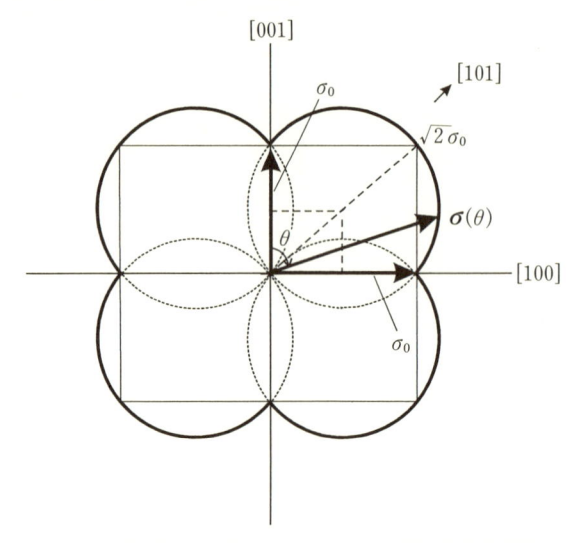

図 4-7 極座標で2次元的に表示した表面エネルギー．

もって成長する．実際に成長した微結晶の形態をみると，fcc 金属では(111)面および(100)面によって囲まれている．このような微結晶の形態についての詳しい議論は，次章の平衡形のところで行う．気相成長や溶液成長によって成長した単結晶の形態をみると，これらの低指数面が出現している．もしも，結晶が成長するとき表面エネルギーの高い高指数面が存在していたとすると，その面は原子の付着によって消失する．そして最終的に成長する面は最も成長しにくい表面エネルギーの小さい低指数面となる．

第 5 章　結晶の平衡形

5.1　結晶の平衡形

　結晶が成長するときには，最初に結晶の核が形成され，それが成長して次第に大きくなる．結晶の大きさが小さいときには結晶の外形は平衡形の形態をとりやすい．例えば，表面エネルギーに異方性※ がない場合には，結晶は全体の表面エネルギーを最小にするために球形となる．体積を一定とすると，表面積が最小となる形態は球だからである．異方性がある場合には，結晶は全体として球状に近いが，低指数面に切られた多面体の形をとる．このとき結晶の表面エネルギーは最小となり，その形を平衡形という．その平衡形を求める式はウルフ（Wulff）の定理として知られている．

　結晶内部の 1 点 O から方位 i の結晶表面までの距離 h_i とその表面エネルギー σ_i との間には，次の関係式が成り立つ．

$$\frac{\sigma_1}{h_1}=\frac{\sigma_2}{h_2}=\frac{\sigma_3}{h_3}=\cdots=\text{const.} \tag{5-1}$$

各面の表面エネルギーがわかっているとすると平衡形の形態が求められる．この定理によれば表面エネルギーの小さい面は結晶の中心点から近いところに広い面積をもって現れる．図 5-1 では 2 次元的に図示されているが，3 次元にとると 3 次元の平衡形が得られる．まず(5-1)式の簡単な証明をしてお

※　原子配列に方向性がある場合，異方性があるという．

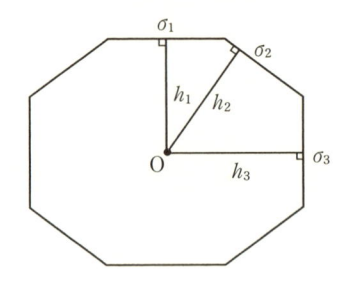

図 5-1 ウルフの定理と表面エネルギーとの関係．

こう．この式は一般には多面体結晶において体積を一定にして全表面エネルギーを最小にする方法により導出されている．しかし，ここでは数学的複雑性を避けるため固相が核形成される際に系の自由エネルギーが最小になる条件から平衡形を求める．

いま，n 個の原子からなる結晶を考え，温度を T，外部からの蒸気圧を P とする．固体内部の 1 点から j 方向に垂直な面積 S_j の表面を作るとき，表面エネルギー σ_j は

$$\sigma_j = \left(\frac{\partial G}{\partial S_j}\right)_{T,P,n,\cdots} \tag{5-2}$$

と表される．G は結晶のギブスの自由エネルギーである．結晶の温度 T，圧力 P，原子数 n，そのほかの条件は一定とする．

P の圧力をもつ過飽和雰囲気中において，気相から n 個の原子の固相ができるときのギブスの自由エネルギー変化量 ΔG は

$$\Delta G = -n\Delta\mu + \sum_j \sigma_j S_j \tag{5-3}$$

で与えられる．ここで，$\Delta\mu$ は気相から固相へ相態するときの 1 原子当たりの化学ポテンシャルエネルギーの差であり，

$$\Delta\mu = kT \ln \frac{P}{P_0} \tag{5-4}$$

と表される．P_0 は固体の平衡蒸気圧を表す．(5-3)式の第 2 項は多面体結晶の全表面の表面エネルギーを示している．h_j を固体内の任意の点から S_j の

5.1 結晶の平衡形

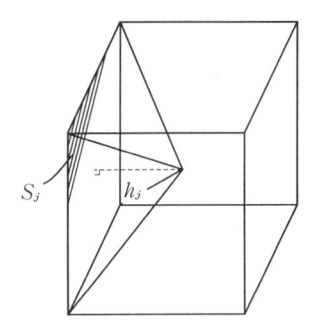

図 5-2 固体の体積の分割.

面積をもつ面への距離とすると，固体の体積 V は図 5-2 に示されるように各面を底面とする多角錐から構成されているので，

$$V = \frac{1}{3}\sum_j h_j S_j \tag{5-5}$$

で与えられる．この式から次式を得る．

$$dV = \frac{1}{3}\left(\sum_j dh_j S_j + \sum_j h_j dS_j\right) \tag{5-6}$$

一方，dV は図 5-3 から直ちに求められ，

$$dV = \sum_j dh_j S_j \tag{5-7}$$

の関係があり，(5-6)，(5-7)式から

$$dV = \frac{1}{2}\sum_j h_j dS_j \tag{5-8}$$

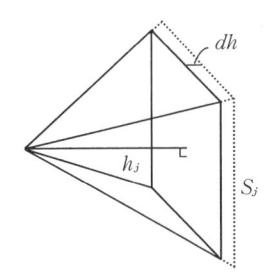

図 5-3 角錐の微小体積変化.

の関係を得る．固体中の1原子当たりの体積を v とすると，V に含まれる原子の数 n は

$$n=\frac{V}{v} \tag{5-9}$$

である．$\Delta\mu$, σ_j, v を一定として形を変化させたときの ΔG の変化分は，(5-3), (5-8), (5-9)式から，

$$\begin{aligned}d\Delta G&=-\frac{\Delta\mu}{2v}\sum_j h_j dS_j+\sum_j \sigma_j dS_j\\&=-\frac{\Delta\mu}{2v}(h_1 dS_1+h_2 dS_2+\cdots)+(\sigma_1 dS_1+\sigma_2 dS_2+\cdots)\end{aligned} \tag{5-10}$$

が得られる．

熱力学的平衡状態はすべての偏微分が $\frac{\partial\Delta G}{\partial S_j}=0$ のとき達成されるから，(5-10)式から

$$\frac{\sigma_1}{h_1}=\frac{\sigma_2}{h_2}=\cdots=\frac{\Delta\mu}{2v}=\text{const.} \tag{5-11}$$

となり，ウルフの関係式が得られる．

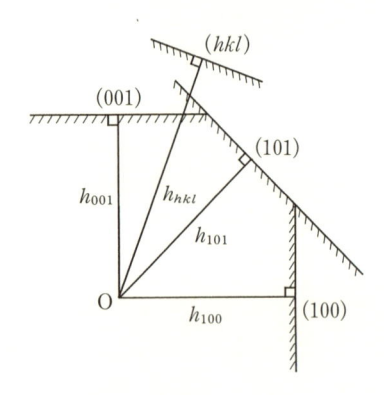

図 5-4 ウルフの定理からの平衡形の求め方．

(5-11)式から平衡形を求めることができる．各面指数によって表面エネルギーは異なり，図 5-4 のように各面指数に対して h_i を決めることができるから，ある点を中心にして各面の位置を決めることができる．そのようにし

5.1 結晶の平衡形

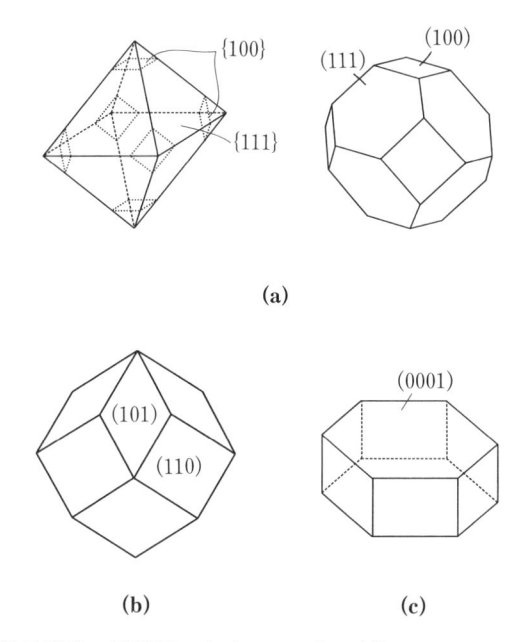

図 5-5 各結晶構造の平衡形．（a）fcc．正 8 面体のコーナーを切り取られた形をしており，{111}面と{100}面で囲まれている．（b）bcc．いずれも{110}面で囲まれている．（c）hcp．底面と柱面で囲まれている．

て一番内側に閉じた多面体の図形が平衡形となる．表面エネルギーの高い面は中心から遠方に存在し，結晶の表面として囲むことができない．つまりその面は現れない．

このようにして fcc 結晶について平衡形を求めると図 5-5（a）のようになる．その際の σ_i の値は前のようにして求めた理論値を用いた．このような形状は面取りされた 8 面体と呼ばれている．基本は(111)面の 8 面体があり，そこの 6 つのコーナーを(100)面で切り取った形（14 面体）である．コーナーの切り取り方の深さは σ_{111} と σ_{100} の大きさの比に関係しており，同じ fcc 結晶でも物質によって異なる．bcc 結晶についても同様に求められ，その様子を図 5-5（b）に示した．これはすべて{110}面から成っており 12 面体である．bcc では{110}面が最稠密面であり，表面エネルギーは最小値を示

す．hcp では図5-5(c)に示されるように，発達した(0001)面をもつ6角形あるいは6角柱状結晶となる．

　平衡形は結晶の体積を一定にして，それを囲む表面全体の表面エネルギーを最小にする形である．結晶構造によって形が異なるのは，各低指数面の表面エネルギーの値が異なるからである．

　気相からの成長では，過飽和な気相から核が形成される．核の大きさになるまでには，種々の形態をもつエンブリオが形成されるかもしれない．しかし，核になり得るのは平衡形の形をもつものである．なぜなら，エネルギーが最も低いからである．いったん核が形成されると，その核は平衡形の形を保って成長する．したがって，微結晶の状態では平衡形が実現している．結晶全体のエネルギーは固体内部のエネルギーと表面エネルギーから成っているが，結晶が小さいと固体内部の原子の数に比べて表面に存在する原子の数が多く，表面エネルギーの寄与分が大きくなる．しかし，結晶が大きくなると結晶の形は成長機構によって支配される成長のカイネティックスで決まる．

　気相成長では真空における結晶表面の表面エネルギーが存在するのに対して，溶液成長や融液成長ではそれぞれ溶媒，融液に対する界面エネルギーが存在する．いずれの場合も溶媒，融液は等方的であると考えてよい．つまり，界面エネルギーの異方性は結晶表面の構造からくるもので，その各面指数による変化は真空中の結晶と変わらないと考えられる．したがって，気相成長における表面エネルギーを界面エネルギーにおきかえるだけでよく，同じような議論ができる．

　平衡形の形をもつ微結晶は，実験的には煙の微粒子に見られる．金属などを希薄ガス（130〜6600 Pa）中で加熱し昇華させると，数100 Å（10 nm）の金属の微粒子が成長する．それを電子顕微鏡で観察したものが図5-6である．例えば，fcc金属のCuやPdについて電子顕微鏡で形や回折図形を詳しく調べていくと，その形態およびそれを囲む表面の面指数がわかる．ここでは微結晶が(111)面と(100)面からなる面取りされた8面体であることがわかる．

5.1 結晶の平衡形

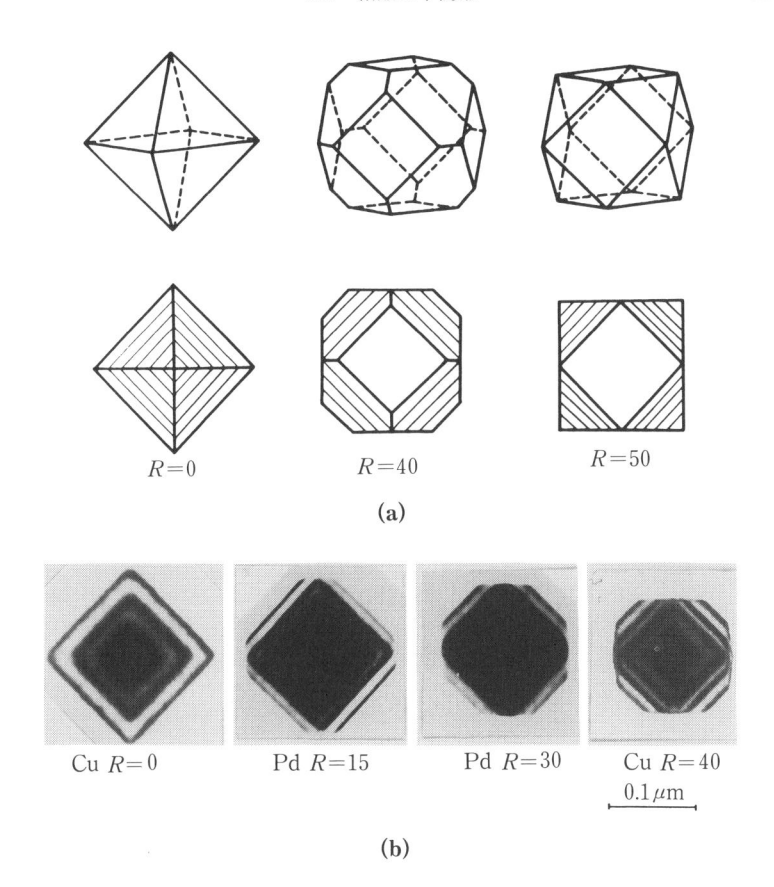

図 5-6 Cu および Pd の金属微粒子．(b)は透過電子顕微鏡像，(a)は模式図．透過電子顕微鏡による縞模様は等厚干渉縞といわれるもので，同じ厚さを示している．これから形態がわかる．R の値は正8面体からコーナーを切り取る程度を示すパラメータである．

また，最近，超微粒子といわれる大きさが 〜μm 程度の微粒子が種々の方法によって作られているが，これらの形態は平衡形に近いと考えられる．鉱物結晶では，数 mm から数 cm の結晶もあるが，これらは大きさからいって平衡形とはいいがたい．しかし，このように長い年月がかかって徐々に形成された結晶は，やはり低い表面エネルギーの低指数面がでている．

5.2　基板表面における結晶の平衡形

いままでの話は3次元空間の蒸気の中で成長した結晶の形に関するものであった．現実には，気相成長では，ガラス管，あるいは成長物質を支える基板（下地）を用いる．溶液成長や融液成長でも液体をおおう容器の中で結晶を成長させる．このような場合，基板や容器の壁に結晶の核が形成され成長することになる．つまり，不均質核形成を起こす．以下に不均質核形成における結晶の平衡形について述べる．話を単純にするために図5-7のように基板表面B上での結晶Aの安定形態を求める．

まず，AB界面の界面エネルギーを(3-23)式のように定義する．

$$\sigma_{AB} = \sigma_A + \sigma_B - \gamma \tag{5-12}$$

ここでγは接着エネルギーである．σ_Aは凝結物の上面の表面エネルギー，σ_Bは基板表面の表面エネルギーである．σ_{AB}は界面エネルギーである．基板Bの上に3次元結晶Aが形成されるときのギブスの形成エネルギー変化は

$$\Delta G = -n\Delta\mu + \sum_j \sigma_j S_j + (\sigma_{AB} - \sigma_B) S_{AB} \tag{5-13}$$

と表される．第1項は化学ポテンシャル変化分のエネルギー減少分，第2項は基板上に形成された結晶固有の全表面エネルギー，第3項は接触界面の寄与で結晶が基板と接触したことによって生じた表面エネルギー変化分を表し

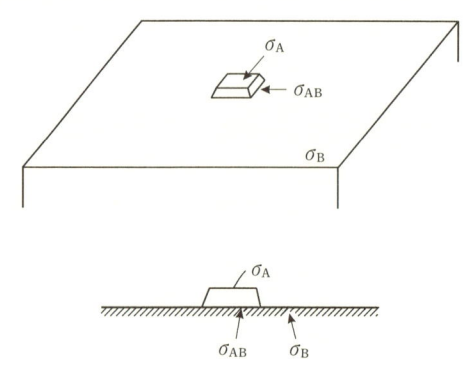

図5-7　基板上に形成された結晶の表面・界面エネルギー．

ている．S_A は接触面積である．前の平衡形の議論と同じように計算すると最終的に次式が得られる．ここで v は 1 原子の体積を表している．

$$\frac{\sigma_1}{h_1}=\frac{\sigma_2}{h_2}=\cdots=\frac{\sigma_{AB}-\sigma_A}{h_{AB}}=\frac{\sigma_A-\gamma}{h_{AB}}=\frac{\Delta\mu}{2v}=\text{const.} \quad (5\text{-}14)$$

この関係式が基板上に成長する結晶の平衡形を決める条件式である．この式からわかるように，γ の値の変化によって h_{AB} が変化し，その形態は変わってくる．その様子を図 5-8 に示した．AB 界面に接着力がない場合には，$\gamma=0$ であるから，$\sigma_{AB}=\sigma_A+\sigma_B$ より $h_{AB}=h_A$ となり，ウルフの平衡形と一致する．$0<\gamma<\sigma_A$ の場合には $h_{AB}<h_A$ となり，ウルフの多面体の下部が基板によって切り取られた形状となる．$\gamma=\sigma_A$ のときには $h_{AB}=0$ となり，ウルフの多面体のちょうど半分の結晶が基板上に形成される．$\sigma_A<\gamma<2\sigma_A$ のときには $-h_{AB}=h_A$ となり，薄い形の板状結晶となる．γ が $2\sigma_A$ に近づくともはや厚みをもった結晶は不安定であり，1 原子層が 2 次元的に基板を覆って成長する層成長の成長様式に変わる．

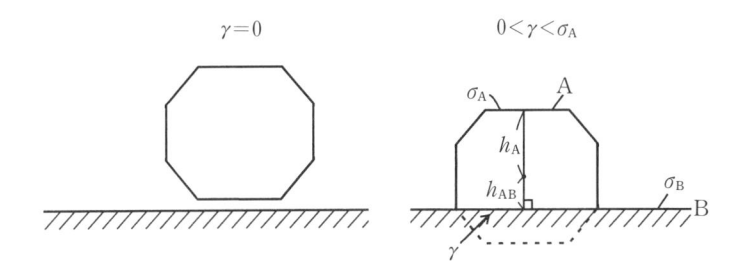

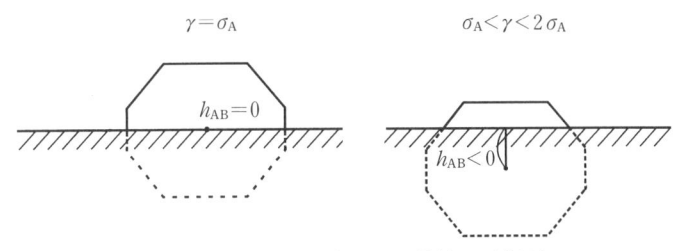

図 5-8 基板上に形成された結晶の平衡形．

このように，基板上に最初に結晶ができる安定形態はウルフの多面体が1つの面によって平行に切り取られた形となる．どの面が基板と重なるかは γ の大きさに依存している．γ が最大になる面が基板と重なり，基板と一定の方位を保つ．これをエピタキシャル方位関係と呼んでいる．ウルフの多面体が切り取られる深さは γ および σ_A の大きさに関係している．実験的には，気相成長によって基板上で結晶を成長させることが多く，このような場合には，成長の初期段階においてこの平衡形が出現している．イオン結晶や金属表面などに fcc 金属を蒸着すると，fcc の微結晶がエピタキシャル成長をする．多くはウルフの多面体が(100)面あるいは(111)面で切り取られた形をもち，同じ方位に向いたものが透過電子顕微鏡で観察される．

ところで，このような蒸着粒子のほとんどのものはウルフ多面体で説明がついたが，その中に5角形の微粒子が見つけられ，この形は普通の結晶では

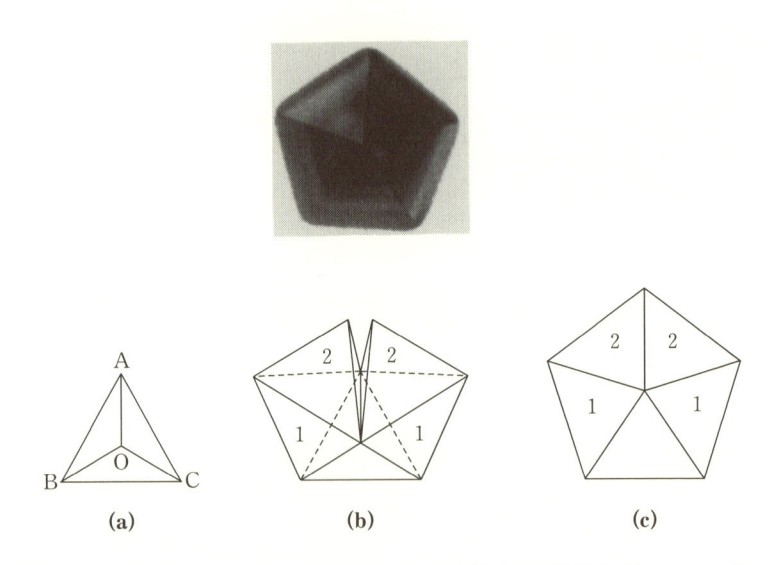

図 5-9 5角10面体の Ag の多重双晶粒子の透過電子顕微鏡像(上田による)[5]．最初に(111)面の正4面体が形成され(a)，その上に双晶関係をもった正4面体が(b)の1のように形成される．さらにそれらの1つの面に2のように正4面体が形成されると，その隙間が幾何学的にできるが，それが接合されて(c)のような5角10面体の粒子が完成する．

図 5-10　正 20 面体の Ag の多重双晶粒子．1 つの頂点は 5 面体で形成されている．

説明がつかないものであった．井野はその構造を電子回折によって詳細に調べ，図 5-9 に示されるように fcc の (111) 面からなる正 4 面体を互いに双晶の関係に組み合わせた 10 面体になっていることを証明し，多重双晶粒子 (Multiply twinned particle ; MTP) と名づけた．正 4 面体を詰め合わせると 7°20′ の隙間が幾何学的にできるが，実際の粒子はそれが接合し，その結果歪が生じている．ウルフの多面体が (111) 面と (100) 面からできた 14 面体に比べると多重双晶粒子は表面エネルギーの最も低い (111) 面から囲まれており，双晶境界を含んでいる．その他 5 角 10 面体からさらに発達した正 20 面体の多重双晶粒子の構造も解析されている．粒子が小さいときには歪が存在するにもかかわらず表面エネルギーが低いため安定に存在する．大きくなると歪が大きくなるため安定に存在しない．これは核形成あるいは成長の初期段階でバルク結晶とは異なった構造が現れることを示したことで意義深い．図 5-10 に Mo(110) 面上に成長した Ag の正 20 面体の多重双晶粒子の走査電子顕微鏡写真を示す．

第6章 成長の原理

6.1 結晶成長の原理

　結晶が核形成するとき，その形は平衡形をとる．単純立方格子を例にとると，(001)面の表面エネルギーは $\sigma_{001}=1/2\cdot\varphi/a^2$，(011)面では $\sigma_{011}=\sqrt{2}/2\cdot\varphi/a^2$，(111)面では $\sigma_{111}=\sqrt{3}/2\cdot\varphi/a^2$ である．ここで φ は最近接原子の結合エネルギー，a は格子定数である．したがって

$$\sigma_{001} : \sigma_{011} : \sigma_{111} = 1 : \sqrt{2} : \sqrt{3}$$

となる．この平衡形を作図すると，図6-1のように立方体の形となり(011)

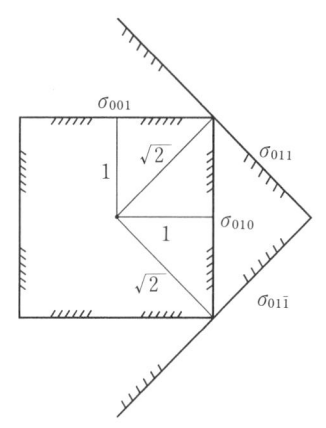

図6-1　単純立方格子の平衡形．

面や(111)面は現れない．つまり，{100}面の平らな面によって囲まれている．したがって，核が成長する場合には(100)面における原子の付着堆積を考えればよい．ここでは(100)面に限らず，一般の結晶面の原子配列を調べ，原子の付着しやすさを考える．

単純立方格子の(100)，(110)および(111)面の原子配列を図6-2に示した．原子は立方体として扱っている．(100)面は，原子のオーダーで平らな面（フラットな面）をもっており，F面と呼んでいる．(110)面では，原子のオーダーでみると，原子が列状に並んだものが階段を形成している．この階段をステップといい，この面をS面と呼んでいる．また，(111)面ではステップの上でさらにキンクを作り，原子面が凸凹状となっている．これをK面と呼ぶ．立方体の原子は各面に6本の結合手をもつため，F面では原子1個の付着に対して1本の結合手を結ぶ．S面では付着した原子に対して2本の結合手を結ぶ．K面では3本の結合手を結ぶ．(100)面以外の他の面でも周期的なステップやキンクからその面が形成されている．S面およびK面を例として，それぞれ(110)面および(111)面を挙げたが，一般の高指数面

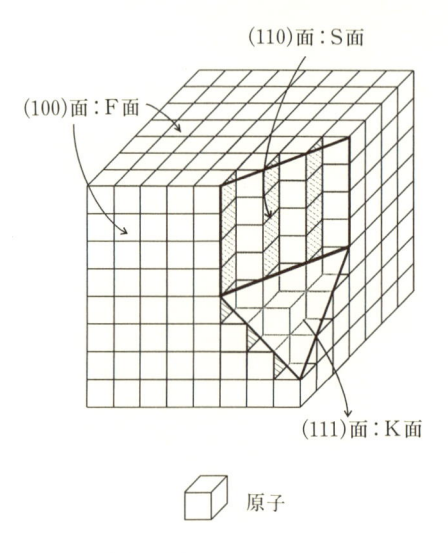

図6-2 単純立方格子構造のF面，S面およびK面．

6.1 結晶成長の原理

も図6-2のようなS面やK面から構成されている．

ある形をもった結晶が成長する過程で，結晶の表面にF面，S面，K面が現れているとすると，S面とK面では表面エネルギーが高く，不飽和結合手の数が多いため，そこに原子が優先的に付着するので成長速度が速い．そして最終的にはK面，S面は成長中に消失する．最後に残る面は成長速度が遅いF面である．F面においてもしもステップが存在すると，そこに原子が付着して，ステップは前進し結晶面を覆う．成長した1原子層の上にまたステップが存在すると，同じ過程で結晶面を覆う．F面において，1原子層が繰り返し被覆することによって1原子層の厚さを単位として増していく．このような面に沿って進行する成長を沿面成長という．

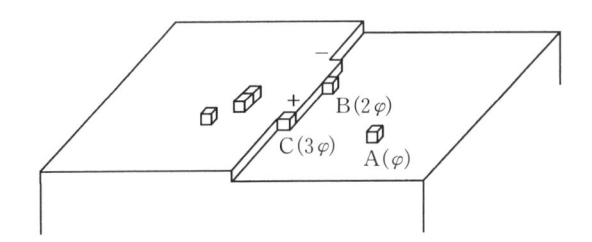

図 6-3 表面上の各原子の結合の状態．

単純立方格子の(001)面，すなわちF面において図6-3のようなステップおよびキンクを考えることができる．このようなステップが結晶面上にわずかに存在しても全体として(001)面であることに変わりはない．このステップ(B)では原子が2φの結合をしており，キンク(C)では3φの結合をしている．固体の内部の原子の結合手の数は6本であり，キンク位置に対して入り込んだ原子の結合手は3本であるから，内部に比べるとちょうど半分の結合エネルギーをもつ．

結晶が蒸発するとき結晶の温度の上昇とともに最初に付着原子Aが蒸発する．このとき，表面との結合強さφを断ち切る．次にステップに付着している原子Bが結合手2φを断ち切って蒸発する．そして最後にキンクに位置した原子Cが3φの結合手を断ち切って蒸発する．AやBの付着原子は

表面上で数に限りがあるが,Cのキンクにおける原子は1個蒸発しても次のキンク位置が用意されている.ミクロにみるとキンクの位置から原子が開放されて気相になり,蒸発が起こる.

結晶全体の結合エネルギー E は φ を結合手の強さとすると,
$$E = \varphi \times 最近接結合手の数$$
$$= \varphi \times 1/2 \times 配位数 \times 原子数$$
で与えられる.

いま結晶が単純立方格子構造をとるとすると,配位数は6である.E は $E = 3\varphi \times 原子数$ であるから,
$$3\varphi = E/原子数 = \Delta h/1 原子$$
となる.

キンクから原子を取り去るエネルギー 3φ は絶対零度における1原子当たりの昇華エネルギー Δh に等しい.したがって,結晶の原子1個当たりの化学ポテンシャルエネルギーは 3φ である.キンクにおける原子は3本の結合手をもつ.この原子をその位置から離して気相中に放出したとすると,3本の結合手を切ることになる.しかし全体の表面エネルギーはその前後で変化しない.原子の離脱に際して表面エネルギーが不変であることから,離脱に際してなされる仕事は結晶の化学ポテンシャルに一致している.いいかえると,キンクにおける原子の化学ポテンシャルは結晶の化学ポテンシャルに一致している.結晶と気相が平衡しているときには両者の化学ポテンシャルは等しいので,キンクにおける原子の流入量と流出量が等しい.

吸着原子Aは結合エネルギーが小さいので結晶成長の際には再蒸発する傾向をもつ.キンク位置における結合エネルギーは大きいのでこの位置での原子は強く結合され,ここにとどまる傾向をもつ.結晶の成長はこのようにしてキンクの原子の組み込みによって進行する.吸着原子は気相から結晶表面上のいろいろな場所にくるが,ステップに存在するキンク位置へ到達した原子だけが結晶相に取り込まれ,他の原子は再蒸発する.

このように,ステップ上にキンクがあるとその位置に次々原子が組み込まれる.最終的にはその原子列が終わり,直線上のステップだけが残り,キン

クは消滅することになる．しかし，現実の結晶成長の場合には，キンクのエネルギーが小さいため，表面上にステップが存在すると，熱平衡状態でキンクが生成される．

温度 T における表面上のキンク濃度を求める．ステップの単位長さ当たりのキンクの数を n とする．キンクは図6-3に示されるように折れ曲がり方が2通りあり，正，負の2種類が存在する．ステップ上で1個のキンクを形成するエネルギーを w とし，ステップにおける単位長さ当たりの原子数を n_0 とすると

$$n_+ = n_0 \exp\left(-\frac{w}{kT}\right), \qquad n_- = n_0 \exp\left(-\frac{w}{kT}\right) \qquad (6\text{-}1)$$

と表される．キンクの平均間隔 x_0 はキンクの総数の逆数であるから，

$$x_0 = \frac{1}{n} = \frac{1}{n_+ + n_-} = \frac{1}{2} \cdot \frac{1}{n_0 \exp(-w/kT)} = \frac{a}{2} \exp\left(\frac{w}{kT}\right) \qquad (6\text{-}2)$$

となる．a は原子間隔であり，$1/n_0$ である．キンクの形成はステップの長さを部分的に増加させ，不飽和結合手の数を増加させる．そしてその分エネルギーが高くなる．ステップ上にある原子を1つ取り去って別の場所のステップに移動させたとすると，結合手は初めに4本切れ，移動させた場所で2本が回復する．その結果，キンクは合計4個形成されていることになる．

$$w = \frac{4\varphi - 2\varphi}{4} = \frac{\varphi}{2} \qquad (6\text{-}3)$$

つまり1個のキンクをステップ上で形成するには $\varphi/2$ のエネルギーが必要である．昇華熱 Δh は1原子当たりキンクから 3φ の結合を断ち切るエネルギーであるから，

$$w = \frac{\varphi}{2} = \frac{\Delta h}{6} \qquad (6\text{-}4)$$

である．ここで実際の昇華熱 Δh を用いると，$\Delta h/(kT) \approx 25$ であるから，$w/(kT) \approx 4$ となる．これを(6-2)式に代入すると，おおよそ $x_0 \approx 30a$ となる．つまり，ステップ上で平均30原子間隔に1個の割合でキンクが存在する．温度が上がるとその数は急速に増加する．

結晶と融液相との境界においても，同様にキンク濃度を求めることができ

る．この場合，キンクの形成エネルギーは融解の潜熱 ΔH から求める．例えば Si の場合には

$$\frac{\Delta H}{RT_0} \approx 3.3 \quad (\Delta H \approx 46 \text{ kJ/mol}, T_0 = 1695 \text{ K：融点})$$

となる．さらに結晶の構造と融液との結合エネルギーを考慮に入れると，$w/kT \approx 1.6$ 程度となり，(6-2)式のより正確な式を解くと $x_0 \approx 3.6a$ となる．ステップに沿って3〜4原子間隔に1個のキンクが存在する．このように固液界面におけるキンク濃度は固気界面に比べて高い．いずれの場合においても実際の結晶成長では，ステップが存在し，その中にキンクが熱平衡によって自然発生的に相当数形成され，そこが成長点となる．

　気相成長，溶液成長で成長した結晶に平らな面，つまりファセットが現れる．これは沿面成長によって結晶成長が起こっているからである．このようにして最終的にはF面の成長が起こるが，その面にいくつかのステップがあるとそれが次第にその面を掃いていずれは消滅する．そうすると，さらなる結晶成長の進行のためには，新しくステップを作らなければならない．このようにして次章に述べる2次元核成長の考えに至るのである．

6.2　表面拡散

　キンク位置に原子が組み込まれれば，結晶は1原子分だけ成長したことになる．キンク位置は原子の組み込み源であるから成長点といえる．次の問題は，どのようにして気相から原子がキンク位置に入ってくるかということである．

　気相の原子は表面の吸着層に到達し，表面拡散を経てステップに至り，キンク位置に落ち着くであろう．なぜなら，表面では φ，ステップでは 2φ，キンクでは 3φ のボンドの強さの結合手を結ぶからである．それをポテンシャルエネルギーで表すと図6-4のようになる．気相と固相では Δh のエネルギー差があり，原子が表面に吸着されると脱離エネルギー ε_{des} だけエネルギーが下がる．表面を拡散する際には表面拡散エネルギー ε_{sd} が存在する．

6.2 表面拡散

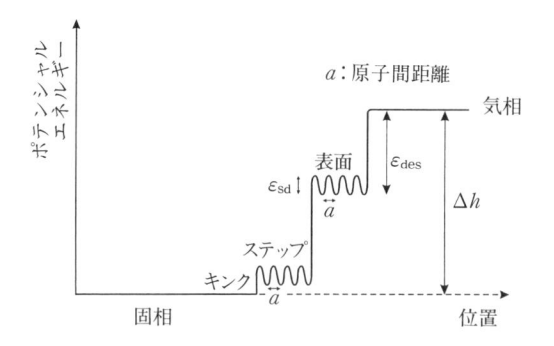

図6-4 表面上の各サイトにおける原子のポテンシャルエネルギー．

原子がステップに到達するとさらにエネルギーが下がり，ステップに沿って拡散し，最後にキンクに到達して結晶化が行われる．以下に表面における吸着原子の密度および表面拡散距離を求める．

気相中の原子は表面に衝突した後エネルギーを失い，表面上に吸着される．表面における脱離のエネルギーを $\varepsilon_{\mathrm{des}}$ とする．単位時間当たり再び脱離する確率を ω とすると，ω は次式で表される．

$$\omega = \nu \exp\left(-\frac{\varepsilon_{\mathrm{des}}}{kT}\right) \tag{6-5}$$

ν は表面原子の振動数である．表面における原子の滞在時間 τ_{S} は ω の逆数となり

$$\tau_{\mathrm{S}} = \frac{1}{\omega} = \nu^{-1} \exp\left(\frac{\varepsilon_{\mathrm{des}}}{kT}\right) \tag{6-6}$$

と表される．

いま表面吸着原子の単位面積当たりの数を n_{S} とすると，再蒸発する原子数 J_{out} は単位時間，単位面積当たり

$$J_{\mathrm{out}} = \frac{n_{\mathrm{S}}}{\tau_{\mathrm{S}}} \tag{6-7}$$

と表される．

一方，気相から表面上に衝突する原子の数 J_{in} は Maxwell の速度分布則を用いると，

$$J_{\text{in}} = \frac{P}{\sqrt{2\pi mkT}} \tag{6-8}$$

で与えられる．ここで P は気相の圧力，m は原子の質量である．$J_{\text{in}} > J_{\text{out}}$ なら結晶成長が起こる．$J_{\text{in}} < J_{\text{out}}$ なら蒸発が起こる．成長も蒸発も起こらないような平衡状態を考えると $J_{\text{in}} = J_{\text{out}}$ となり，これから

$$n_{\text{s}} = \frac{P}{\nu\sqrt{2\pi mkT}} \cdot \exp\left(\frac{\varepsilon_{\text{des}}}{kT}\right) \tag{6-9}$$

が得られる．(6-9)式から吸着原子数 n_{s} を見積もってみる．Si(111)面が 1200 K に保たれ，その温度で飽和した圧力の蒸気に接しているとしよう．平衡蒸気圧 P は $P = 1.2 \times 10^{-5}$ Pa, $m = 14 \times 1.7 \times 10^{-27}$ kg となり，ダイヤモンド構造では，キンク位置の最近接原子数は 2 個であり吸着原子の結合手は 1 個であるので $\varepsilon_{\text{des}} = \Delta h/2$ となる．$\varepsilon_{\text{des}} = 232 \times 10^3/6.02 \times 10^{23}$ J/atom $= 3.85 \times 10^{-19}$ J/atom, $k = 1.38 \times 10^{-23}$ J/K, $\nu = 10^{13}$ sec^{-1} を代入すると $n_{\text{s}} \approx 3 \times 10^{10}$ cm^{-2} となる．一方，Si(111)面の原子数は 10^{15} cm^2 である．したがって，この条件で吸着原子の占める割合は 3×10^{-5} となる．蒸気圧はそのままで，Si の表面の温度を 1000 K に下げると 3×10^{-3} となる．吸着原子の表面滞在時間 τ_{s} は(3-12)式から 1200 K, 1000 K に対して，それぞれ $\approx 1.3 \times 10^{-3}$ s, $\approx 1.3 \times 10^{-1}$ s となる．

吸着原子は表面滞在時間の間に表面原子の熱振動を受けて表面拡散を行う．表面に滞在することができる吸着原子の平均距離 λ_{s} はアインシュタインの関係式から

$$\lambda_{\text{s}}^2 = 4D_{\text{s}} \cdot \tau_{\text{s}} \tag{6-10}$$

と表される．ここで D_{s} は表面拡散係数であり，次式で表される．

$$D_{\text{s}} \approx a^2 \nu \exp\left(-\frac{\varepsilon_{\text{sd}}}{kT}\right) \tag{6-11}$$

a は原子間距離であり，ε_{sd} は表面拡散の活性化エネルギーである．表面上の吸着原子の安定位置から隣の安定位置までのエネルギー障壁が活性化エネルギーに対応している．吸着原子の表面拡散距離 λ_{s} は(6-6), (6-10), (6-11)式より

6.2 表面拡散

$$\lambda_S = 2(D_s \tau_s)^{1/2} \approx a \exp\left(\frac{\varepsilon_{des} - \varepsilon_{sd}}{2kT}\right) \tag{6-12}$$

となる．これを Si(111) 面について求める．$\varepsilon_{sd} \approx 1.1\,\mathrm{eV} = 106\,\mathrm{kJ/mol}$，$\varepsilon_{des} = 232\,\mathrm{kJ/mol}$，$T = 1000\,\mathrm{K}$ とすると，$\lambda_S \approx 2 \times 10^3\,a \approx 1\,\mathrm{\mu m}$ となる．つまり，この条件では吸着原子が入射して表面に滞在している間に $1\,\mathrm{\mu m}$ 程度の距離を拡散する．単純立方格子の (100) 面では，ある吸着位置に対して近くに4つの等価な位置があり，そこから吸着原子が流入する．fcc の (111) 面では1つのくぼみの位置の近くに3つの等価な位置がある．そのような安定位置から隣接の安定位置に吸着原子が熱的にエネルギー障壁を越えて移動し，それが繰り返されて表面拡散を行う．温度が高いと表面拡散は激しくなり，拡散距離も長くなる．

いま吸着原子の占有する面積を a^2 とすると，a^2 の中に表面拡散を経て流入する原子数 n_{sd} は単位時間当たり $n_S a^2 \nu \exp(-\varepsilon_{sd}/kT)$ である．n_S は単位面積当たりの吸着原子の数である．a^2 の中に気相から直接衝突によって入ってくる数 n_1 は P を蒸気圧とすると単位時間当たり $Pa^2/\sqrt{2\pi mkT}$ である．いま両者の比 n_{sd}/n_1 を計算すると，直接衝突の原子数は蒸発原子数と平衡すると考えて

$$n_1 = \frac{Pa^2}{\sqrt{2\pi mkT}} = n_S a^2 \nu \exp\left(-\frac{\varepsilon_{des}}{kT}\right) \tag{6-13}$$

とおけるから

$$\frac{n_{sd}}{n_1} = \frac{n_S a^2 \nu \exp(-\varepsilon_{sd}/kT)}{n_S a^2 \nu \exp(-\varepsilon_{des}/kT)} = \exp\left(\frac{\varepsilon_{des} - \varepsilon_{sd}}{kT}\right) \tag{6-14}$$

となる．これを Si(111) 面に対して計算すると，1000 K ではその比は 4×10^6 となる．結晶の成長面においてはキンク位置が成長位置であり，その位置の面積は a^2 であるから，そこに入る原子は直接気相から衝突する数よりも表面拡散で入ってくる数の方が桁違いに多い．その様子を図 6-5 に示した．このようにして気相から表面に衝突した原子のうち，ごく一部の表面で弾性的に反射されるものを除いて，多くの原子は表面に留まり，表面拡散を経てキンク位置に到達してステップを前進させ，その結果結晶を成長させていく．

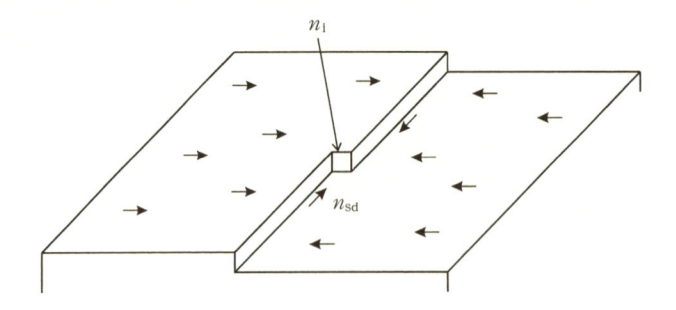

図 6-5 キンク位置への原子の流入.

　入射原子は表面に対して弱い結合力で吸着している．表面には原子の凹凸があり，1つの凹位置から隣の凹位置に表面拡散することにより吸着原子は表面上を移動できる．吸着原子は表面との結合が弱いため，ある時間が経過すると表面から脱離して再び気相に戻る．入射原子が表面に滞在している間に表面上にステップが存在するとその中のキンク位置に原子が捕らえられ，結晶の一部として組み込まれる．このようにして，数多くの吸着原子は，結晶成長に寄与するかあるいは再蒸発するかのいずれかとなる．

第7章 結晶の成長機構

7.1 2次元核成長

　単純立方格子の(001)面における成長を考える．もし少数のステップが(001)面の上に存在すれば，それは前章で述べた過程を経て単原子層の拡がりが起こる．結晶の端まで単原子層が拡がると，そのステップは消滅し，そこでの成長は終結する．こうして結晶表面上に存在するすべてのステップは使い尽くされ，ステップの存在しない完全結晶表面が残る．そうなれば，新しいステップが供給されない限り結晶は成長することができない．

　過飽和蒸気の中の表面上で吸着原子が集合して1原子分の厚さをもつ小さな2次元層を形成したとする．その構造は結晶と同じであり，同一単結晶である．そのような集合体を2次元核という．このような2次元層が形成されたとすると，その層の周辺部に新たなステップが生成される．

　図7-1に示されるように，結晶表面上に半径 r，高さ a の円形の2次元核が新たに形成されたときのギブスの自由エネルギー変化量 ΔG_{2D} は

$$\Delta G_{2D} = -\frac{\pi r^2}{a^2}\Delta\mu + 2\pi r \cdot a \cdot \sigma \tag{7-1}$$

と表される．ここで，$\Delta\mu$ は1原子当たりの気相から固相に相変態したときの化学ポテンシャル変化量であり $\Delta\mu = kT \ln(P/P_0)$ と表される．圧力 P_0 はその温度 T における固相の平衡蒸気圧であり，P はまわりの気相の圧力で

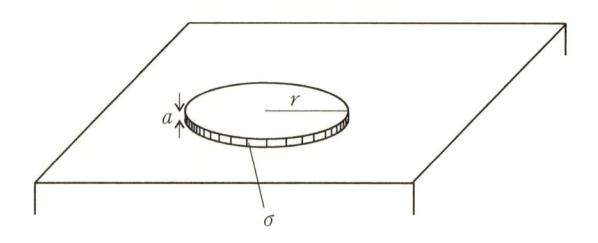

図 7-1 2 次元核形成.

ある.σはステップの単位面積当たりの表面エネルギーである.第1項は,原子が気相から固相へ凝結したときのエネルギー減少分である.$\pi r^2/a^2$ は2次元核に含まれる原子数を表している.第2項は円形の2次元核による側面の表面エネルギー増加分である.

エネルギー曲線は図7-2のようになり,ある r のときに極大値をもつ.3次元核形成の場合と同様にして r で微分し,0とおく.

$$\frac{d\Delta G_{2D}}{dr} = -\frac{2\pi r}{a^2}\Delta\mu + 2\pi \cdot a \cdot \sigma$$

$$= -2\pi\left(\frac{\Delta\mu}{a^2}r - a\cdot\sigma\right) = 0 \qquad (7\text{-}2)$$

これより

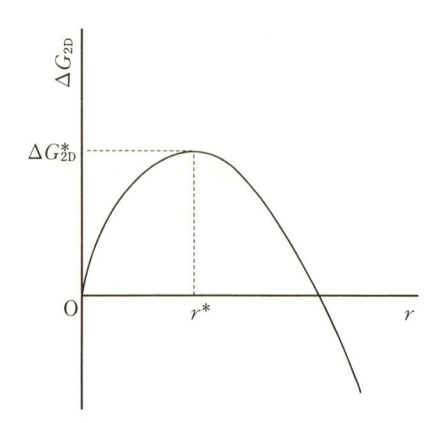

図 7-2 2 次元核形成の r に対する ΔG_{2D} の変化.

7.1 2次元核成長

$$r^* = \frac{a^3 \sigma}{\Delta \mu} \tag{7-3}$$

となる．

上式で $\frac{d\Delta G_{2D}}{dr}=0$ のときの r を r^* と書いた．そのときの ΔG_{2D} を ΔG_{2D}^* として表すと

$$\Delta G_{2D}^* = \frac{\pi a^4 \sigma^2}{\Delta \mu} \tag{7-4}$$

となる．

このエネルギー変化をみてみると，2次元核の半径 r が増加するとギブスの自由エネルギーは増加する．しかし，$r=r^*$ を境にして r が r^* よりも大きい場合には，r の増加に対してエネルギーは減少する．つまり，2次元核はある臨界の大きさに至るまではエネルギー障壁 ΔG_{2D}^* があり，たとえ成長しても消滅に向かう．しかし，r^* にまで至った核はひとりでに成長していく．r^* をもつ2次元核を臨界核と呼んでおり，r^* を2次元核の臨界核半径，ΔG_{2D}^* を2次元核の形成エネルギーという．

このようなエネルギー障壁があるときには2次元核は r^* になるまで成長しないはずであるが，原子の熱的なゆらぎの助けを借りて，わずかなものがその障壁を越えることができる．その確率は $\exp(-\Delta G_{2D}^*/kT)$ に比例する．いま単位面積当たり n_s 個の吸着原子が表面上に存在すると，ΔG_{2D}^* のエネルギーを越えた2次元核の数 n^* はこれと平衡していると考えられ，

$$n^* = n_s \exp\left(-\frac{\Delta G_{2D}^*}{kT}\right) \tag{7-5}$$

と表される．単位時間，単位面積当たりに2次元核が形成される頻度を核形成速度 J といっており，

$$J = Z\omega n^* \tag{7-6}$$

と表される．Z はゼルドヴィッチ因子と呼ばれる非平衡因子で，Becker-Doering の計算によれば 10^{-2} のオーダーである．ω は臨界核になるときに吸着原子が入り込む単位時間当たりの頻度であり，

$$\omega = 2\pi r^* \cdot a \cdot n_{\mathrm{s}} \cdot \nu \exp\left(-\frac{\varepsilon_{\mathrm{sd}}}{kT}\right) \tag{7-7}$$

と表される．$2\pi r^* \cdot a \cdot n_{\mathrm{s}}$ は半径 r^* の 2 次元核のまわりの幅 a に含まれる吸着原子の数である．ν は固体の振動数，$\exp(-\varepsilon_{\mathrm{sd}}/kT)$ は表面拡散のエネルギー障壁を越えて核に入り込む確率である．

(7-5)式の ΔG_{2D}^* の活性化エネルギーと比べて(7-7)式の $\varepsilon_{\mathrm{sd}}$ は小さいとして，ここでは $Z\omega n_{\mathrm{s}}$ を定数 K として扱う．核形成速度 J は(7-4)，(7-5)，(7-6)式より

$$\begin{aligned} J &= K \exp\left(-\frac{\Delta G_{\mathrm{2D}}^*}{kT}\right) \\ &= K \exp\left[-\frac{\pi a^4 \sigma^2}{(kT)^2 \ln(P/P_0)}\right] \end{aligned} \tag{7-8}$$

と表せる．

この式に数値を入れて J を求めると，実際の実験において観察しうる成長速度となるためには，過飽和度 $\alpha(=\Delta P/P_0=(P-P_0)/P_0)$ が 25～50% にならなくてはならない．つまり，高い過飽和度の条件でのみこの成長が起こる．

2 次元核の形成の様子を，図 7-3 を使ってもう少し詳しく検討してみよう．r^* を臨界核半径とすると，$r<r^*$ の 2 次元核は消滅するが，$r^*<r$ の 2 次元核は成長する．$r<r^*$ の小さい 2 次元核は，そのふちに小さな曲率半径をもつステップができるので，ギブス-トムソン効果によりそこの部分での平衡蒸気圧が高い．したがって蒸発してしまう．しかし，一度 r^* より大きく成長した 2 次元核はその側面のステップに大きな曲率半径をもつので，そこでの平衡蒸気圧はまわりの気相の蒸気圧より低くなり，成長が起こる．

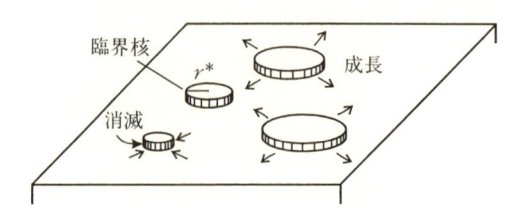

図 7-3 2 次元核の成長，消滅．

7.1 2次元核成長

ところが，$r<r^*$ でも熱的な助けを借りてわずかな個数のものが r^* の大きさまで生き残れば，その円形状のステップは拡がっていき，成長に寄与する．原子は気相から一様に飛来してくるので，表面に吸着された原子は表面拡散によってステップにたどりつき，キンクに吸収される．ステップの付近では吸着原子が組み込まれるので，吸着原子の濃度が低くなる．それに比べてステップから遠く離れたところでは吸着原子の濃度が高い．したがって，ステップに向かって吸着原子の濃度勾配ができ，吸着原子は表面拡散しながら全体としてステップのほうに向かって移動する．ステップから遠く離れたところでは吸着原子の濃度が高いため，新たに2次元核が形成されやすい．こうして，平らな結晶面において2次元核形成による成長が起こると，その面を覆い尽くしてしまい単原子層を生成する．一度単原子層が完成すれば，この過程が繰り返されて平らな面の上を1原子層ごとの成長が起こる．このような成長を層状成長，あるいは層成長と呼んでいる．この成長はその結晶面を維持しながら成長するので沿面成長ともいう．これに対し，ある単原子層が表面を覆い尽くす前にすでに成長したその単原子層の上に2次元核を形成する場合がある．図7-4では，いくつかの重なった単原子層が盛り上がるようにして成長する．これを多核成長と呼ぶ．この成長は層成長とはならず，結晶面も維持されなくなる．この2つの成長様式はステップの移動速度の大小関係によって決まる．ステップの移動速度が大きければその2次元層の上に核形成する余裕がなく層状成長をする．しかし，それが小さい場合には多核成長となる．ステップの移動速度は過飽和度が大きいほど大きくなるが，その一方で核形成速度は指数関数的に増大し，その結果多核成長が起こる．したがって，層状成長は十分に過飽和度が小さいときに起こる．そし

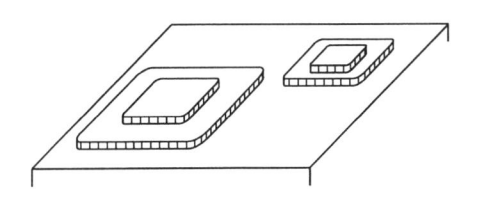

図7-4 多核成長．

て，成長している結晶面が小さいほど層状成長が起こりやすい．

2次元核による層状成長は，微結晶が平らな結晶面をもって成長することから以前から予想されていた．溶液成長において過飽和度の変化に対する成長速度の関係を調べると，(7-8)式から導かれる成長速度の関係式と一致することにより，その成長が2次元核成長によって起こることが説明された．

しかし，その直接的証拠が得られるようになったのは，RHEED振動やSEMによる"その場"観察が行われてからであった．RHEEDとは反射高速電子回折（Reflection high energy electron diffraction）の頭文字をとった略語で，試料表面に高速電子線をすれすれに入射させ，表面の構造を回折現象によって調べる方法である．基板表面にある物質を連続的に蒸着していくときRHEED図形の原点に当たる鏡面反射の強度を測定すると，蒸着量の増加とともにその強度がsin関数的に振動する．これがRHEED振動と呼ばれるものであり，図7-5に示されるように1周期が1原子層の成長に対応している．その強度変化は次のように説明される．図7-6において表面にステップのない結晶からの反射強度を基準にしたとき，新しいテラスが形成されていくと，もとのテラスと新しいテラスによる電子線の反射の位相が異なるため，反射強度は減少する．表面を2次元層が覆う割合をθとすると，

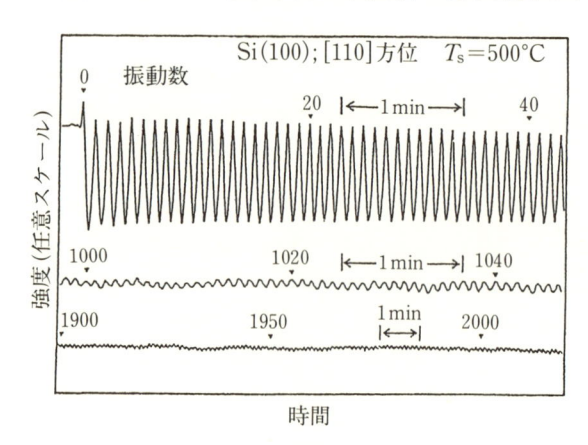

図7-5 Siの成長におけるRHEED振動．500℃で[110]方位からとられたSi(100)面のRHEED振動（坂本らによる）[1]．

7.1 2次元核成長

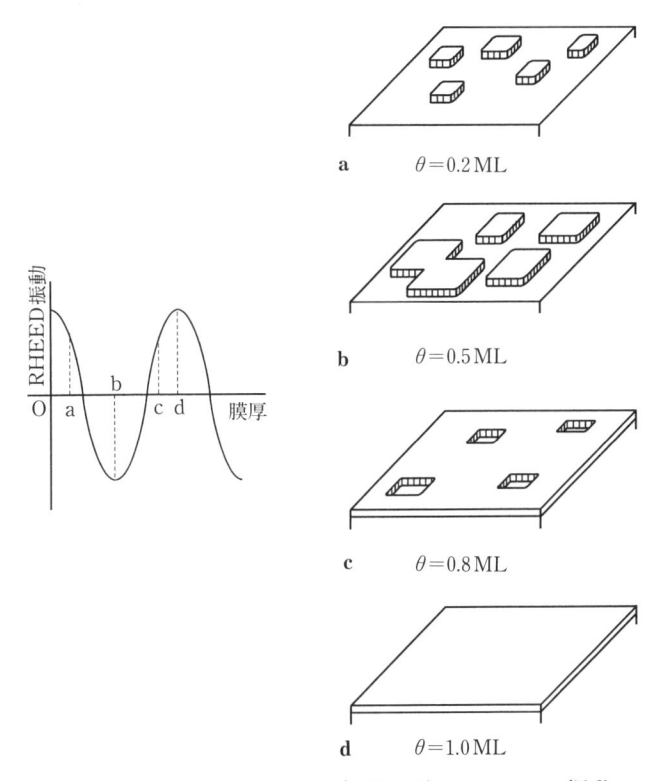

図 7-6 単原子層成長による RHEED 振動の説明．RHEED 振動における a，b，c，d の各点に対応する表面の状態を示している．$\theta=0.5$ で単原子層のステップ密度が最も高くなり，RHEED の原点の強度は最小になる（ML: Monolayer，原子層）．

$\theta=0.5$ でステップ密度が最大となり，反射強度が極小値をとる．$\theta>0.5$ となると2次元層の島の合体が始まり，新しいテラスの部分が多くなり，再び強度は増大する．結晶成長の途中で蒸着源と成長膜の間のシャッターを閉め，気相による原子供給を止めると，強度は次第に増大する．このことは原子の供給がなくとも原子の表面拡散が起こり，ステップ密度が減少することを示している．坂本によれば Si(100) 面の Si の成長において1分間に約10原子層の成長をさせる成長速度で RHEED 振動を測定したところ，2200回

の振動が起こり,その数の原子層が成長していることが報告されている.これは1原子層ごとの層成長が極めて理想どおり行われている例である.また,場合によっては次第に強度変化の振幅が時間とともに減少することがある.これは多核成長が徐々に起こっていることを示している.

2次元核成長の直接観察として走査電子顕微鏡(Scanning electron microscope, SEM)によるものがある.山口・本間はGaAsの(111)基板上にGaAsの結晶成長をさせるときにSEMにより単原子層の拡がりを観察した.GaAsの気相成長はAsの希薄雰囲気中でGaの蒸発を行うことにより基板上に成長させる.その成長の途上をSEMで観察すると,GaAsの1分子層が核形成し成長していく変化がよくわかる.SEMで1原子層のステップを解像することは通常難しいが,試料を電子線入射方向に対してほぼ平行になるように傾けることでステップのコントラストを得ている.そのため,

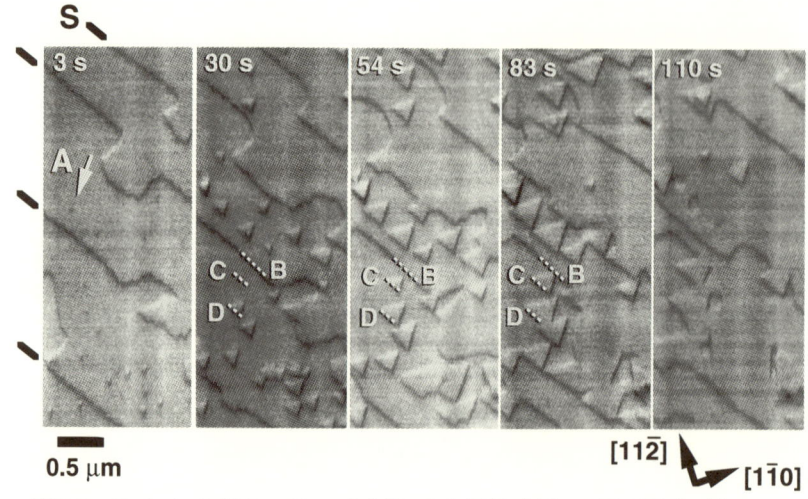

図7-7 GaAsにおけるステップ成長,2次元核成長のSEM写真(山口,本間による)[2].

GaAs(111)面上に3角形の2次元核が発生し成長していく様子がとらえられている.左上の数字は秒で表した時間経過であり,Sはもとのステップの位置を表し,Aは2次元核の発生を示している.B,C,Dはステップの同じ位置を示している.

像は電子線の方向に引き伸ばされて変形したものになるが，画像処理によってもとの状態に戻してある．図7-7において，直線状のものはGaAsの表面上でのステップであり，GaAsの吸着分子を食いながら前進している．また，広い(111)面のテラス上でGaAsの2次元核が形成され，それから2次元層の島が3角形の形態を保ったまま成長している．両者の成長により2次元層の島と直線状のステップが合体を起こし，新しい1分子層が形成されていく．3角形の2次元層の陵の方向やステップの方向はいずれも[110]方向であり，GaAsの結晶学的異方性から生じる安定な方位である．このようにして2次元核の核形成，成長，合体が起こり1原子層を完成させ，それが繰り返されて成長することがわかる．

7.2 らせん転位による成長

2次元核形成は，過飽和度が25〜50％くらいの高い状態で可能になることが理論的にも実験的にも説明されてきた．しかし，現実の成長では過飽和度が1％あるいは数％でも結晶が成長することがわかっている．この問題について Frank は，らせん転位が存在するとすれば説明できると指摘した．らせん転位による成長のカイネティックスは Burton, Cabrera および Frank によって詳しく研究された．

まず，らせん転位の構造を図7-8に示す．完全結晶のOAA'O'の面に切れ目を入れ，AA'に沿って原子の繰り返し周期 b だけ OO' に平行にずらすと，AA'に沿う原子は完全につながり，歪が OO' のまわりに集中する．このようにしてできた OO' がらせん転位である．正確には OO' は転位線であり，転位はそのまわりの歪も含んでいる．ずらした方向と大きさをバーガースベクトル b と呼んでいる．b の大きさは，単純立方格子構造では格子定数の a に等しい．らせん転位が結晶中に存在すると，それが結晶表面に抜け出た点から結晶の端に至るまでステップを作る．その高さはバーガースベクトルの大きさに等しい．このステップが過飽和状態の原子の吸い込み口となる．ステップを上からみると図7-9のようになり，OAで表される．直線

図7-8 らせん転位の構造．*b*はバーガースベクトル．

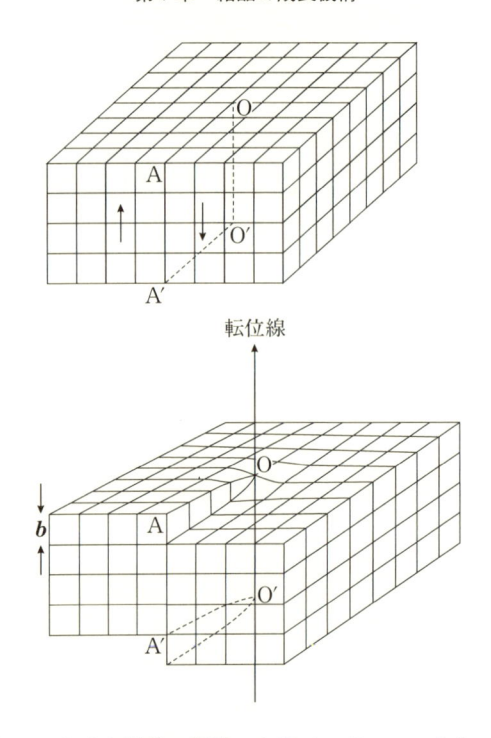

OAの左がステップの上段，右が下段である．ある過飽和度をもつ雰囲気では，原子が表面上に到来し，表面拡散によりステップ上にくる．ステップ上のキンクが原子の吸い込み口となり，ステップは前進する．原子は気相から表面上のどこにも均一に衝突する．吸着原子を同じ割合でステップに組み入れるためには，各点において同じ速度をもって前進しなければならない．OO′はらせん転位で固定されているから，中心部分では回転するようになり，結果として図7-9に示されるようならせん状になる．この渦巻きの形は"アルキメデスらせん"に近い．このようならせん転位による表面上のステップが存在すると，ステップが移動し回転することによって表面上の吸着原子は結晶に組み込まれる．そしてそのステップは消えることなく永久的なものであるから，新しい2次元核のようなステップ源は必要としない．図のよ

7.2 らせん転位による成長

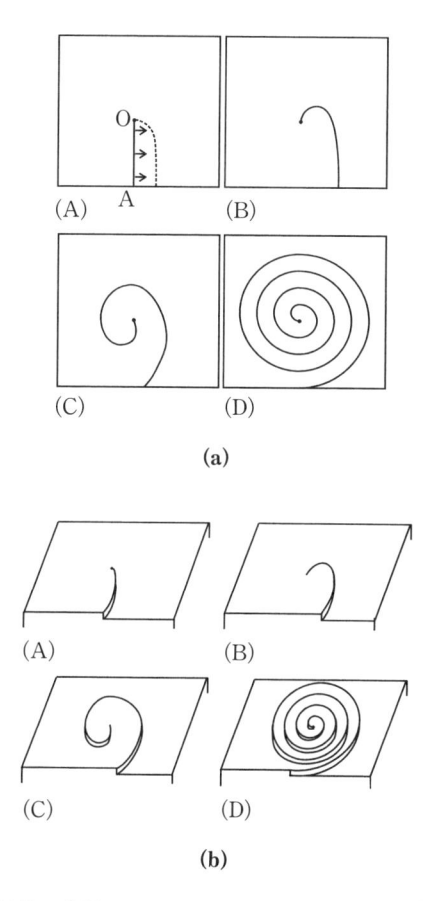

図 7-9 らせん転位の成長によるスパイラルステップの発達．(a) 上から見た図，(b) 鳥瞰図．

うにらせん転位が面の中心にあり，転位を中心としてそれに垂直なテラスの面上をたどっていくと，それはらせん状にはい上がっていくことになる．したがって，表面のステップに原子が付着し結晶となっても，状況は変わらずステップは中心付近では回転していく．それにともない，中心より遠いほうのステップでは中心から動径方向に拡がっていく．どのステップも同じ速度で拡がるため一定の間隔を保っている．このようにして，一様に飛来した吸

着原子をどこの部分でも同じ量だけ結晶相に組み入れることができる．らせん転位自体は結晶が成長しても常に保存され，消失することはない．

アルキメデスらせんは極座標 (r, θ) により次式で定義される．

$$r = K\theta \tag{7-9}$$

r は中心からららせんのある位置までの距離，θ は中心の接線からある位置までの回転角，K は定数である．らせんの間隔 Δr は

$$r_1 = K\theta_1$$
$$r_2 = K(\theta_1 + 2\pi) \tag{7-10}$$

から $\Delta r = 2\pi K$ となる．気相から一様に原子が表面上に降ってくれば，スパイラル（渦巻き）状のステップは吸着原子を取り込み，一定の動径方向の速度をもつ．アルキメデスらせんは，中心がちょうど1回転すると外側の一定間隔をもつステップ群は $2\pi K$ だけ移動する．形態は変わらないので，その結果1原子層の厚さが成長したことになる．したがって，単位時間当たり一定量の吸着原子を組み入れるためにはスパイラルが一定速度で回転すればよい．実際に溶液中における結晶成長において，表面の成長スパイラルが一定速度で回転しているのが観察されている．成長スパイラルの例を図7-10に示した．気相から成長させた $NbSe_4I_{0.33}$ 結晶の(001)面を微分干渉顕微鏡で撮影したものである．スパイラルの原点に転位があり，紙面を貫通している．そこから発生するステップが吸着原子を吸収，併合して結晶相に組み入れ，その結果このようなスパイラルに発達した．

さて，成長スパイラルのステップ間隔 Δr は何によって決まるのであろうか．(7-9)式における K の値を求めてみる．もう一度2次元核形成の臨界核の話に戻る．臨界核の大きさ r^* はその温度 T における結晶の平衡蒸気圧 P_0 と気相の蒸気圧 P によって決まる．a をステップの高さ，σ をステップの表面エネルギーとすると，r^* は次式で与えられる．

$$r^* = \frac{a^3 \sigma}{kT \ln(P/P_0)} \tag{7-11}$$

固体の平衡蒸気圧 P_0 よりも高い蒸気圧をもつ気相が存在しなければ，半径 r をもつ2次元核は存在しない．P が P_0 よりも大きいときに，その大きさ

図7-10 NbSe$_4$I$_{0.33}$単結晶の成長スパイラル(中田による)[7].
ステップの高さは 16 Å である.

に見合った半径 r^* の核が平衡に存在する.いま気相の蒸気圧を P とすると,r^* 以下の半径をもつ 2 次元核は安定に存在しない.存在したとしてもその平衡蒸気圧が P よりも大きく,その 2 次元核は蒸発する.

　成長スパイラルの中心近くでは,スパイラルのどの部分よりも曲率半径が最も小さい.P の蒸気圧の下でらせん転位機構によって成長する場合,スパイラルの中心の曲率半径はそのときの 2 次元核の臨界核半径 r^* 以下にはなり得ない.スパイラルの中心の曲率半径を以下に求める.曲率半径 ρ は (r, θ) 座標では公式があり,次式で表される.

$$\rho = \frac{(r^2 + r'^2)^{3/2}}{r^2 - rr'' + 2r'^2} \tag{7-12}$$

ここで，$r' = \dfrac{dr}{d\theta}$，$r'' = \dfrac{d^2 r}{d\theta^2}$ である．

アルキメデスらせんの中心の曲率半径 ρ は(7-12)式に(7-9)式を代入し，さらに原点の条件 $r=0$，$\theta=0$ を入れると，

$$\rho_c = \frac{K}{2} \tag{7-13}$$

となる．上の条件から必ず $r^* \leq \rho_c$ となっているが，中心近くでは ρ_c が r^* よりも大きければ，さらにスパイラルは成長して r^* に近づく．つまり成長中には $r^* = \rho_c$ がスパイラルの中心で成立している．したがって $\rho_c = K/2 = r^*$ が成立し，これに(7-11)式を代入すると

$$K = \frac{2a^3 \sigma}{kT \ln(P/P_0)} \tag{7-14}$$

を得る．スパイラルを極座標でもとのように表すと次式を得る．

$$r = K \cdot \theta = \frac{2a^3 \sigma}{kT \ln(P/P_0)} \cdot \theta \tag{7-15}$$

また(7-10)，(7-11)式から

$$\Delta r = 2\pi K = 4\pi \rho_c$$
$$= \frac{4\pi a^3 \sigma}{kT \ln(P/P_0)} \tag{7-16}$$

となる．成長スパイラルのステップ間隔 Δr は，過飽和比 P/P_0 に依存しており，それによって決まる 2 次元核の臨界核半径の 4π 倍に等しい．このように，ステップ間隔を測定することによって結晶成長時の過飽和度を測定することができる．$P/P_0 \fallingdotseq 1$ のときには $\ln(1+\Delta P/P_0) \approx \Delta P/P_0$ であるから[*]，

$$\Delta r \approx \frac{4\pi a^3 \sigma P_0}{kT \cdot \Delta P} \tag{7-17}$$

となる．過飽和度 $\alpha (= \Delta P/P_0)$ が大きくなれば，上式から Δr は小さくなり，ステップは密集する．逆に過飽和度が小さくなれば，ステップ間隔は拡がる．

---

[*] ΔP は $\Delta P = P - P_0$ である．

7.2 らせん転位による成長

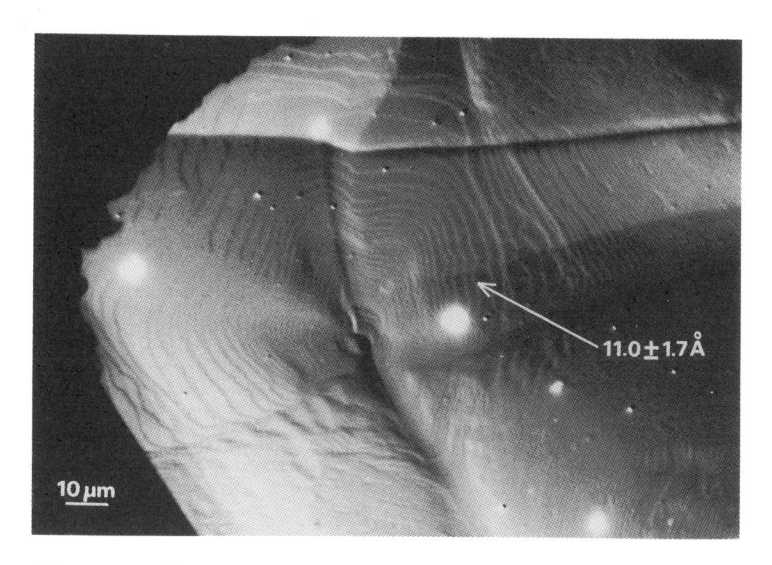

図 7-11 Cd 結晶の (0001) 面上の成長スパイラル（星屋による）[8]. ステップの高さは 11 Å である．ステップ間隔は 1 μm である．

例えば，図 7-11 にみられる Cd の気相成長における成長スパイラルでは，ステップ間隔が約 1 μm である．ステップ高さは干渉顕微鏡によると 11 Å であり，Cd の c 軸の長さ 5.6 Å の 2 倍の 11.2 Å にほぼ一致している．(7-17) 式より過飽和度 α を見積もるとおおよそ $\alpha \approx 1\%$ となる．この Cd の結晶は真空のガラス管中に Cd を封入して，蒸発部と凝結部の温度を調節して成長させた．その温度差は 1°C 以下であり，これから α を計算するとおおよそ 1% 程度であり，観察結果と一致している．

らせん転位機構によって成長するときの成長速度は，Burton, Cabrera および Frank によって計算された．スパイラルがほぼ平行なステップを作り，そこに吸着原子が表面拡散によって流れ込むとして成長速度 R を求めると，結果として

$$R = \frac{v \tanh(\Delta r/\sqrt{2}\,\lambda_\mathrm{S})}{\Delta r/\sqrt{2}\,\lambda_\mathrm{S}} \cdot \frac{\Delta P}{\sqrt{2\pi mkT}} \tag{7-18}$$

が導出された．ここで v は原子の体積，λ_S は吸着原子の拡散距離，Δr はス

テップ間隔である．

ここで前式を特別な2つの場合について考察する．
(1) $\Delta r \ll \lambda_S$

ステップが密に巻いているときは(7-17)式より過飽和度が大きいときであり，その間隔が λ_S に比べて非常に小さい場合には(7-18)式において

$$\tanh\frac{\Delta r}{\sqrt{2}\lambda_S} \approx \frac{\Delta r}{\sqrt{2}\lambda_S} \quad (7\text{-}19)$$

となり，したがって

$$R = \frac{v\Delta P}{\sqrt{2\pi mkT}} = \frac{P-P_0}{\sqrt{2\pi mkT}}\cdot v = \frac{v\cdot P_0}{\sqrt{2\pi mkT}}\cdot \alpha \quad (7\text{-}20)$$

となり成長速度は過飽和度 α に比例する．

$\Delta r \ll \lambda_S$ の条件では気相から衝突した原子は表面拡散を行い，近くにあるステップに全部取り込まれる．したがって単位時間当たり，単位面積当たり流入する原子の個数に体積を乗じたものが結晶成長速度となる．

(2) $\Delta r \gg \lambda_S$

この条件では $\tanh\dfrac{\Delta r}{\sqrt{2}\lambda_S} \to 1$ となり，次式を得る．

$$R = \frac{v\sqrt{2}\lambda_S}{\Delta r}\cdot \frac{\Delta P}{\sqrt{2\pi mkT}} \quad (7\text{-}21)$$

ここで，(7-17)式を代入すると

$$R = \frac{v\sqrt{2}\lambda_S kT(\Delta P)^2}{4\pi a^3 \sigma P_0 \sqrt{2\pi mkT}} = \text{const.} \times \alpha^2 \quad (7\text{-}22)$$

となる．過飽和度 $\Delta P/P_0$ が小さいときには(7-17)式よりステップ間隔が大きくなる．そのときには，(2)の条件が成り立つ．成長速度は過飽和度の2乗に比例する．成長速度と過飽和度との関係については次節で述べる．

2次元核形成による結晶成長には大きな過飽和度が必要であった．しかし，らせん転位機構によれば，数%あるいはそれ以下の過飽和度で結晶が成長することを説明できた．この違いはらせん転位機構ではステップが初めか

ら存在し，これが消滅することなく永続的に働くことに対して，2次元核形成では1原子層ごと核形成をしなければならない理由による．図7-12は過飽和度 α に対する成長速度 R の依存性を調べた実験である．α が小さいときには $R\propto\alpha^2$ となっており，このことはらせん転位機構によって成長することを示している．

この成長機構によって結晶が成長する直接的な証明は，成長中あるいは成長後の結晶表面上の成長スパイラルの観察によってなされた．

スパイラルのステップの高さは転位のバーガースベクトルに等しいので，普通は数Åである．しかしステップの高さはバーガースベクトルの数倍あるものや，密集した転位などのために数10Åのものが観察されている．このような微小な高さのステップの観察には，光学顕微鏡の一種である位相差顕微鏡や微分干渉顕微鏡が適している．これらの方法によって金属，セラミッ

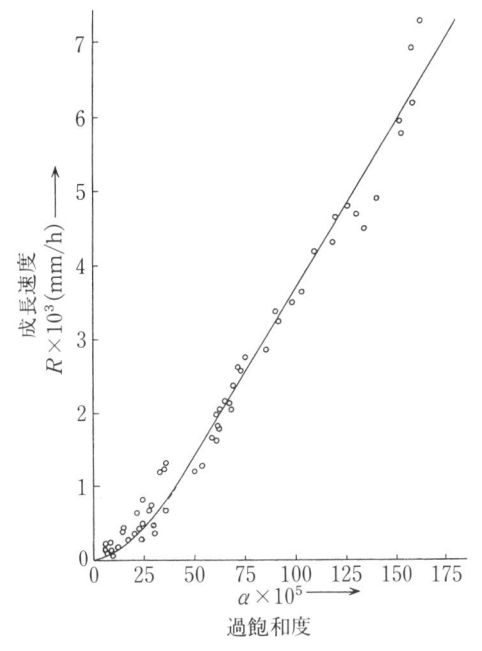

図 7-12 過飽和度 α に対する成長速度 R の実験例（Bennema による）[9]．

クス，化合物，有機結晶などにおいて成長スパイラルが観察されている．また，溶液中における結晶成長の"その場"観察においても，例えば，CdI_2 などで成長スパイラルが一定速度で回転して成長する様子が直接観察されている．

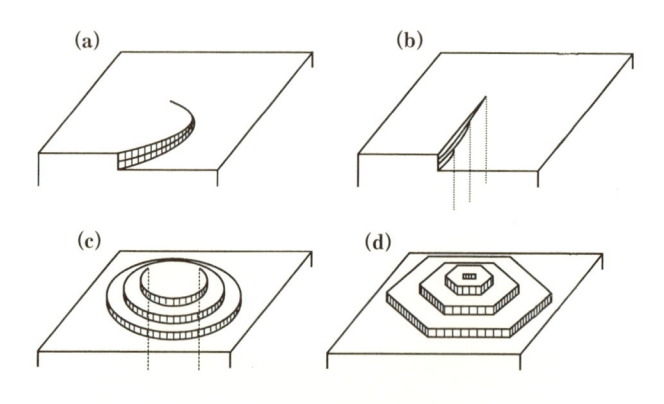

図7-13 種々のらせん転位と成長スパイラル．

図7-13に基本のバーガースベクトルの数倍のステップ(a)，らせん転位が集合し，ねじり境界を作ったもの(b)を示した．また，(c)のように2本の正負対のらせん転位が近くに存在すると，ステップの始点から終点をそこで作り，そのステップが円弧状になってさらに発達し，1枚の円形ステップを生成する．(d)は異方性の高い結晶を示した．これはちょうど，結晶中の両端が止められた転位が応力の下で増殖するのと類似している．転位の場合，転位線が余分なエネルギーをもつために線張力をもち，それに対して応力が打ち勝つために転位増殖が起こる．一方，表面におけるステップ形成ではステップが余分な表面エネルギーをもつため直線状の形態を保とうとするが，気相が過飽和の雰囲気にあれば結晶成長が進行したほうがエネルギーが下がるので，ステップの線張力に逆らって円弧状のステップに発達する．半円状のときがもっとも曲率半径が小さいので，それが気相の過飽和度に見合う2次元核半径よりも大きければ，ステップの輪を作りそれが拡がっていく．1原子層の成長が起こっても転位はそのまま残るので，次々とその過程

が繰り返されて1層ごとの成長が起こる．これらの実験例はいずれも上述の光学顕微鏡によって観察されている．

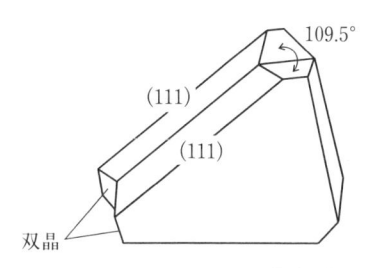

図 7-14 双晶による陥入角成長．

らせん転位による成長ではステップが成長点として永続的に動くことがわかったが，同じように双晶境界の表面に似たようなステップ源ができ，双晶結晶が成長することが知られている．双晶は図7-14のように形成され，双晶面は(111)面である．成長面は(111)面および($1\bar{1}1$)面であり，両面が109.5°の角度をなしている．双晶境界が一種のステップ，あるいは溝になっているので，原子はそこに付着し，2つの面が交互に成長する．双晶境界は消滅することはなく，境界を残したまま成長する．このような成長をくぼみの位置で成長することから陥入角成長，あるいは凹入角成長と呼んでいる．気相成長や天然に産出する結晶では双晶面をいくつか含んだ独特の形態をとって成長する．

7.3 成長速度および付着成長

まず過飽和度 α をもつときの最大の成長速度を求めよう．結晶の平衡蒸気圧を P_0 とし，まわりの圧力を P とする．結晶成長時には当然 $P>P_0$ が成り立つ．結晶表面に衝突してくる原子の数 J_{in} は，単位時間，単位面積当たり

$$J_{\text{in}} = P/\sqrt{2\pi mkT}$$

である．表面から蒸発する原子数 J_{out} は平衡蒸気圧から求まり，単位時間，

単位面積当たり

$$J_{\text{out}} = P_0 / \sqrt{2\pi mkT}$$

である. もしまわりの外圧が P_0 であるならば, 表面に入ってくる量と出ていく量が等しく, 平衡状態が実現する. つまり, 結晶は成長も蒸発もしない状態である. いま $P > P_0$ の場合を考えると, 結晶に入ってくる原子数の差し引き量 J は

$$J = J_{\text{in}} - J_{\text{out}} = \frac{P - P_0}{\sqrt{2\pi mkT}} = \frac{\Delta P}{\sqrt{2\pi mkT}} \tag{7-23}$$

となる. これが単位時間, 単位面積当たりの結晶成長しうる原子数であり, この ΔP に対する関係をヘルツ-クヌーセン (Hertz-Knudsen) の式という. つまり, 最大の成長速度 R を与える式である. 原子の流入量 J と結晶成長速度 R との関係は, 原子の体積を v とすると $R = v \cdot J$ が成り立つ.

結晶成長速度は, (7-23)式で与えられるものの他に, 表面における結晶成長の機構に支配されている. 例えば, 入射した原子が表面上のキンク位置にたどりつけない場合には再蒸発をする. その量が多ければ(7-23)式よりも小さくなる. そこで, 一般に(7-23)式を次式で表す.

$$R = \frac{c \cdot v \cdot \Delta P}{\sqrt{2\pi mkT}} \tag{7-24}$$

ここで, c は凝集係数といわれ, $0 < c < 1$ の値をとる. この値は結晶表面の成長機構に関係している.

(7-24)式を過飽和度 α を使って変形すると

$$R = \frac{c \cdot v \cdot \alpha \cdot P}{\sqrt{2\pi mkT}} \tag{7-25}$$

と書ける.

$c = 1$ のときには成長速度 R は α に比例し, その比例定数は $Pv/\sqrt{2\pi mkT}$ である. この場合には, 入射原子と蒸発原子の差し引き量は全部結晶表面に取り込まれて結晶化に寄与する. したがって, 表面には多数のキンクが存在しなければならない. 実際の結晶表面においては, ステップからなるS面, キンクからなるK面が相当する. 単純立方格子の構造では, (111)面あるいは高指数面上での結晶成長が起こる場合である. また bcc や fcc 金属の表面

では高指数面が相当する．このような面での成長速度は，テラス面である(100)面のようなF面のそれに比べて大きい．さらに，F面においても，高温において表面がミクロなオーダーで荒れるサーマルラフリングの現象，また固液界面において固体の表面に同様の乱れが起こるカイネティックラフリング現象が起こる．このような表面状態ではキンクが無数に存在するので，$c=1$ が成り立つ．$c=1$ のときには，(7-23)式から原子の差し引き量はすべて結晶化する．原子が結晶に対して付着して成長するという意味で，この成長機構を付着成長と呼んでいる．あるいは，面指数に関係なく一様に成長するので一様成長とも呼ばれる．このような場合，もとの(100)面で最初に成長が起こってもその面を維持できなくなり，結晶は特定な形の外形をもつことができなくなる．一般に融液から成長する金属単結晶は特定の外形をもたないで丸い形となる．

さて，すでに述べてきた2次元核成長やらせん転位による成長機構は，ヘルツ-クヌーセンの式とはどのような関係になるのだろうか．

2次元核成長速度は(7-8)式のように求められた．この式を変形し，J が成長速度 R に比例することから，

$$R = K \exp\left[-\frac{\pi a^4 \sigma^2}{(kT)^2 \ln(1+\alpha)}\right] \tag{7-26}$$

となる．これについて α の変化に対する R の変化をグラフにすると図7-15のようになる．すでに2次元核形成の章で述べたように，現実の成長速度 R になる過飽和度 α は25〜50%程度である．それ以下の α では成長は起こらない．成長が起こる α の値を α_0 とすると，α_0 よりも少し α が大きくなると急速に R が増大する．しかしながら，P_0 と P は成長条件で決められており，その最大成長速度は(7-23)式によって与えられている．したがって，この成長機構によると過飽和度 α の値によって成長速度が異なり，$\alpha_0 < \alpha < \alpha_1$ の範囲では(7-26)式によって決まるが，$\alpha_1 < \alpha$ では(7-23)式のヘルツ-クヌーセンの式によって決まる．つまり，$\alpha_1 < \alpha$ のときには過飽和度が大きいので臨界核は小さくなり，結晶表面上のいたるところに2次元核を作る．入射した原子はわずかな距離の表面拡散で核に捕らえられ，すべて成長に寄与す

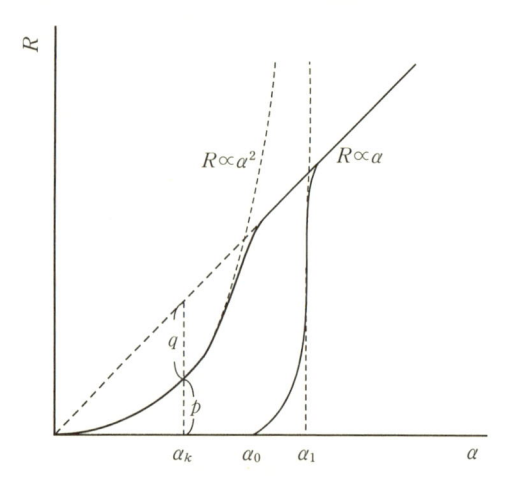

図 7-15 過飽和度 α に対するらせん転位および 2 次元核による成長速度 R．

る．
　らせん転位機構による単位面積当たりの成長速度は(7-18)式で与えられる．

$$R = \frac{v \tanh(\Delta r/\sqrt{2}\lambda_S)}{\Delta r/\sqrt{2}\lambda_S} \cdot \frac{\Delta P}{\sqrt{2\pi mkT}}$$

らせんの間隔 Δr が表面拡散距離 λ_S に比べて小さい場合には

$$R = \frac{v\Delta P}{\sqrt{2\pi mkT}} = \text{const.} \times \alpha$$

となる．これはヘルツ-クヌーセンの成長速度に一致している．
　逆に，らせんの間隔 Δr が表面拡散距離 λ_S に比べて大きい場合には

$$R = \text{const.} \times \alpha^2$$

となる．らせん転位によるスパイラル成長では，図 7-15 に示されるように α が大きい領域では成長速度 R は α に比例し，α が小さい領域では R は α^2 に比例する．例えば α_k の過飽和度では，結晶成長に寄与し得る流量は $J = J_{\text{in}} - J_{\text{out}}$ であるが，成長速度は $R = p$ となる．ステップの近傍の吸着原子が結晶に組み込まれる分が p に相当している．q は原子が気相から表面に到達

し，表面拡散の後に再び気相へ再蒸発する分に相当している．αが大きくなるとステップ間隔が小さくなり，表面吸着原子をより多く取り込みやすくなり，最終的にはすべての吸着原子を組み入れる．これがヘルツ-クヌーセンの式に対応している．

第8章 融液成長

8.1 融液からの成長

　融液と固体との違いは，その流動性にある．融液では粘性をもち，流動性に富む．それに対して，固体では応力をかけて初めてすべり変形が起こる．しかし，密度や原子間距離に大きな違いはない．X線回折では固体ではシャープなデバイリングを示すのに対して，液体ではハローパターンといわれるぼけた回折パターンを示す．つまり，結晶は原子が長範囲な規則配列をもっているが，液体あるいは融液では原子が長範囲な規則配列をもたない．しかし，図8-1に示すように，まったくのでたらめな配列をとっているのではなく，1原子に着目するとそのごく近傍の原子間距離はおおよそ決まっている．

　融液から結晶が成長する場合にも，その境界の界面で結晶化が起こる．界面において融液側の原子が結晶に付着することによって結晶が成長してい

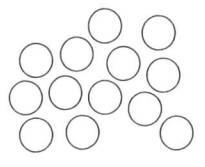

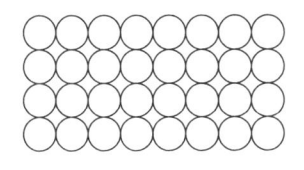

　　　液体　　　　　　　固体
図 8-1　融液の構造，および結晶の構造．

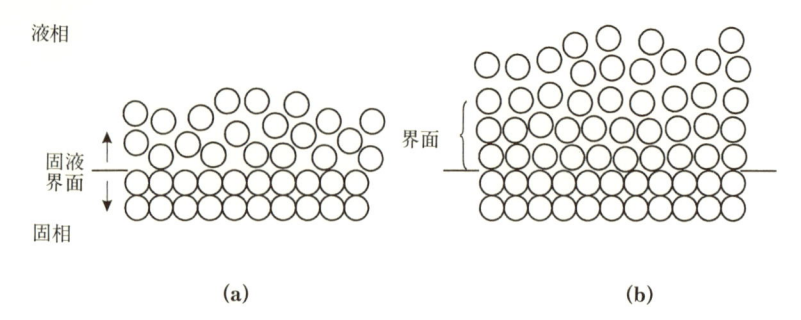

図 8-2 固相と液相の界面構造．（a）シャープ界面，（b）ディフューズ界面．

く．融液と結晶は，図 8-2（a）に示されるように界面を境にして明確に区分けされていると考えられている．これとは逆に，図 8-2（b）に示されるように，融液から結晶に至るまでに界面はぼけて構造が連続的に変化している，という説もある．これはカーン（Cahn）によるディフューズ（diffuse）界面といわれるが，あまり一般的に支持されてはいないのでここではこれ以上立ち入らない．ここでは固液界面で明確に液体と固体が分けられているというシャープ（sharp）界面の立場をとる．

融液が凝固する際の熱力学的な取り扱いはすでに第 1 章で化学ポテンシャル変化として述べたが，ここでは一般的な表示法であるギブスの自由エネルギー変化により表現する．圧力が一定のときには凝固温度は物質によって一定の値をとる．凝固温度はその温度でそのものが融け始める温度でもあるから，融点とも呼ばれている．凝固温度は融液相と固相の自由エネルギーが等しい温度と定義される．つまり，その温度では外部的仕事をなすための同じエネルギーをもっている．ギブスの自由エネルギーで表すと

$$G_L = G_S \tag{8-1}$$

であり，G_L，G_S はそれぞれ液相，固相の自由エネルギーである．ギブスの自由エネルギーの定義は

$$G = U - TS + PV \tag{8-2}$$

であり，U は内部エネルギー，T は絶対温度，S はエントロピー，P は圧

力，V は体積である．エントロピー S は相の原子配列の無秩序度を示すパラメーターである．1つの相のエンタルピー H を次式で定義する．

$$H = U + PV \tag{8-3}$$

自由エネルギー G は

$$G = H - TS \tag{8-4}$$

で表される．凝固温度 T_0 では2相が平衡しているから

$$H_L - T_0 S_L = H_S - T_0 S_S \tag{8-5}$$

が成り立つ．H_L および H_S はそれぞれ液相および固相のエンタルピー，S_L および S_S はそれらのエントロピーを示している．ここでエンタルピー変化 $H_L - H_S$ は実際には融解熱あるいは融解の潜熱 L として表されるから次式を得る．

$$H_L - H_S = L \tag{8-6}$$

これを(8-5)式に代入すると

$$L = T_0(S_L - S_S) = T_0 \Delta S \tag{8-7}$$

となる．置きかえれば

$$\Delta S = \frac{L}{T_0} \tag{8-8}$$

となり，液相と固相のエントロピー変化，つまり液相から固相に変態するときの原子配列の秩序の変化は，凝固温度と潜熱の比から得ることができる．表8-1に各金属に対する相変態に伴うエントロピー変化を示した．モル当たりのエントロピー変化と1原子当たりのエントロピー変化が示されている．A は原子量を表している．これをみると結晶構造の違いによるエントロピーの差異は小さい．

　金属の融液を冷却していくと，時間 t とともにその温度 T は図8-3(a)のような変化を示す．これを冷却曲線と呼ぶ．すると金属の融液は凝固点 T_0 よりもかなり低い温度 ($T_0 - \Delta T$) で凝固し始めることがわかる．T_0 よりも低くなっているとき，その融液は過冷却になっているという．凝固を起こして融液中に小さな固相が形成されると，潜熱が発生するために融液の温度は急速に上昇する．やがて融点 T_0 に達し，一定温度となる．この領域では

表 8-1 各金属の凝固の際のエントロピー変化.

構造	金属	凝固温度 T_0 [K]	潜熱 L [cal/g]	エントロピー変化 $\Delta S = LA/T_0$ [cal/mol K]	原子当たりのエントロピー変化 ΔS [10^{-24} cal/atom K]
面心立方晶	Al	933	94	2.7	4.5
	Cu	1356	50.6	2.4	4.0
	Au	1436	16.1	2.3	3.8
	Pb	600	6.3	2.2	3.7
	Ni	1728	74	2.5	4.2
	Pd	1837	38	2.2	3.7
	Pt	2046	27	2.6	4.3
	Ag	1233	25	2.2	3.7
稠密六方晶	Cd	594	13.2	2.5	4.2
	Mg	923	89	2.3	3.8
	Zn	692	24	2.3	3.8
体心立方晶	Ca	1123	52	1.8	3.0
	Cs	301	3.8	1.7	2.8
	Cr	2163	90.4	2.1	3.5
	Fe	1912	65	1.9	3.2
	Na	311	27.5	1.7	2.8
	W	3683	44	2.0	3.3

固相と液相が共存する．液相から固相に変態するときに発生する潜熱は，まわりの容器の器壁によって吸収される．全体が固相になるとその温度が下降する．

過冷却が起こる理由は，融液中に固相の核形成が必要であるからである．非晶質固体（アモルファス）が液相から凝固するときには，非晶質の構造が液相の構造と類似しているので図 8-3(b) のように潜熱の放出はほとんど起こらない．

液相の中に固相が形成されれば，その相境界において固液界面が形成される．これが自由エネルギーの増加をもたらす．そのため過冷却が必要となる．ここで，T_0 よりも少し低い温度 T における G_L と G_S の差を求める．

$$G_L - G_S = (H_L - TS_L) - (H_S - TS_S) = H_L - H_S - T(S_L - S_S)$$
$$= L - T\Delta S \tag{8-9}$$

8.1 融液からの成長

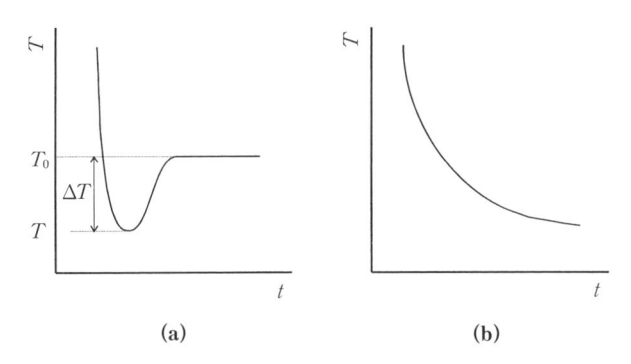

図 8-3 金属の冷却曲線（T は温度，t は時間）．（a）結晶，（b）非晶質．

$\Delta S = L/T_0$ であるから

$$G_L - G_S = L\left(1 - \frac{T}{T_0}\right) = \frac{L}{T_0}(T_0 - T) = \frac{L}{T_0}\Delta T \tag{8-10}$$

となる．いま上式を単位体積当たりの自由エネルギーの差とすると，L を単位体積当たりの潜熱として計算すればよい．

ΔT の過冷却液相中に半径 r の球の固相が形成されたとする．そのときのギブスの自由エネルギー変化 ΔG は

$$\Delta G = -\frac{L}{T_0}\Delta T \cdot \frac{4}{3}\pi r^3 + 4\pi r^2 \cdot \sigma_{LS} \tag{8-11}$$

と表される．第1項は液相から固相に変化したために生じるエネルギー減少分であり，第2項は固液界面ができたことによる界面エネルギー増加分である．σ_{LS} は単位面積当たりの固液界面の界面エネルギーである．

ΔG の r の増加に対する変化は図8-4のようになり，気相からの核形成と同様になる．ΔG は $r = r^*$ で最大となり，そのときの r^* の値は

$$\left.\frac{d\Delta G}{dr}\right|_{r=r^*} = -\frac{L\Delta T}{T_0}4\pi r^2 + 8\pi r \cdot \sigma_{LS} = -4\pi r\left(\frac{L\Delta T}{T_0}\cdot r - 2\sigma_{LS}\right)\bigg|_{r=r^*} = 0$$

から

$$r^* = \frac{2\sigma_{LS}T_0}{L\Delta T} \tag{8-12}$$

となる．そのときの ΔG^* は，(8-12)式を(8-11)式に代入して

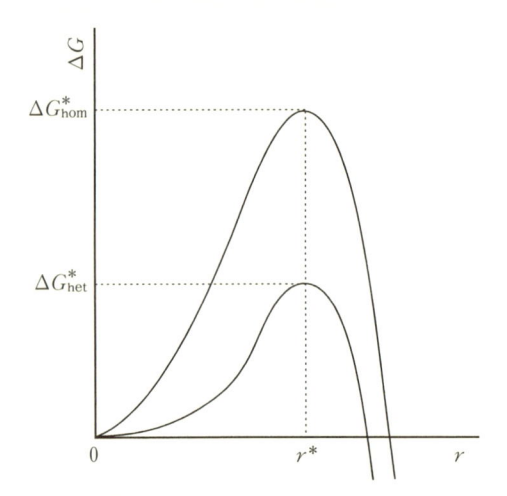

図 8-4 核形成の r に対するエネルギー変化.

$$\Delta G^* = \frac{16}{3}\pi\sigma_{LS}^3 \left(\frac{T_0}{L\Delta T}\right)^2 \qquad (8\text{-}13)$$

と求まる．ΔG^* は均質核形成の形成エネルギーである．$r^* < r$ となれば ΔG は r の増加とともに減少するので，臨界核を越したものは成長する傾向をもつ．逆に $r < r^*$ であれば固相の核は消滅の傾向をもつ．

臨界核半径 r^* と過冷却温度 ΔT とは (8-12) 式で結ばれている．図 8-5 のように，ΔT が大きいと r^* は小さくなり，ΔT が小さいと r^* は大きくなる．$\Delta T = 0$ では臨界核半径が ∞ となるため，核形成が困難となり凝固は起こさない．このような理由で，核形成を起こすには過冷却が必要となる．実際の金属で最大過冷却 $\Delta T_{\max}$ が小滴法によって測定されており，その結果を表 8-2 に示す．表によると最大過冷却 $\Delta T_{\max}$ は $\sim 0.2 T_0$ 程度である．この表から Fe を例にとって臨界核半径 r^* を計算しよう．$\sigma_{LS} = 0.204 \text{ J/m}^2$，$T_0 = 1809 \text{ K}$，$\Delta T_{\max} = 295 \text{ K}$，$L = 2.12 \times 10^{-1} \text{ J/m}^3$ を使うと，$r^* = 11.8 \text{ Å}$ となる．Fe の原子半径 d_{Fe} は 2.52 Å であるから，r^* はその 4 倍くらいの大きさをもつ．均質核形成ではこのように過冷却がかなり大きくても，臨界核の大きさは相当大きなものとなる．

8.1 融液からの成長

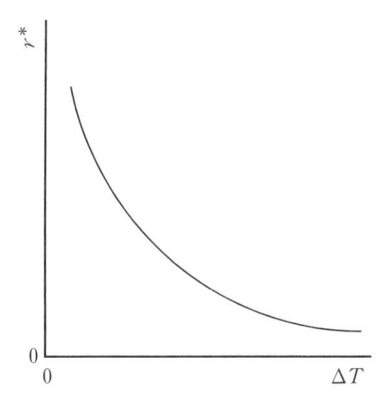

図 8-5 過冷却温度 ΔT に対する臨界核半径 r^* の関係

表 8-2 最大過冷却の測定値．T_0 は融点．

金属	T_0 [K]	ΔT_{max} [K]	$\Delta T_{max}/T_0$
Bi	544	90	0.165
Sb	904	135	0.149
Al	931	130	0.140
Ge	1232	235	0.190
Ag	1234	227	0.184
Au	1336	230	0.172
Cu	1356	236	0.174
Mn	1517	308	0.203
Ni	1726	319	0.185
Co	1765	330	0.187
Fe	1809	295	0.163
Pd	1825	332	0.182
Hg	234	58	0.247
Ga	303	76	0.250
Sn	505	105	0.208
Pb	601	80	0.133
Pt	2042	370	0.181
(H_2O)	273	39	0.143

以上,均質核形成では図8-6(a)のように,融液の中に球形の核ができることを仮定した.現実には融液は不純物原子を内在し,融液を入れる容器の器壁に接している.このような場合には液中の内部で均質核形成を起こすより,さらに容易にるつぼの器壁の表面上や不純物原子のまわりで核形成が起こる.すでに第3章において議論してきたが,気相と固相の化学ポテンシャルの差が一定のときには過飽和度が一定となり,均質核形成における臨界核半径は定まる.しかし,基板表面上における不均質核形成の場合には球の一部を平面で切り取った形になり,その分だけ体積が減少するので臨界核の形成エネルギーは減少する.融液の成長のときにも同様であり,過飽和度が過冷却度に置きかわる.核の形態は融液が異方性をもたない均一な相であるため,第4章で述べたとおり平衡形をもつと考えられる.これより基板上の核の形は平衡形を切り取ったものになる.ここでは単純化して核が球形であると仮定した.図8-6(b)に示されるように,基板上ではその一部が切り取られた形をもつ.その形を決める接触角 θ は,核と基板との間の界面エネルギー,基板と融液の界面エネルギー,核と融液の界面エネルギーの大きさによって求まる.過冷却度 ΔT が一定のときには r^* が一定になるので,図8-6(b)のように基板表面によって切り取られた分だけ体積が減少し,図8-4のように核形成のエネルギーが ΔG^*_{het} に低下する.要するに ΔT が一定の条件では,均質核の形成エネルギー ΔG^*_{hom} よりも不均質核の形成エネルギー ΔG^*_{het} の方が小さいために不均質核形成による核が発生する.このた

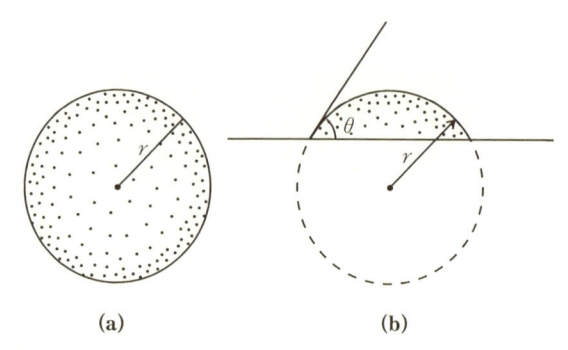

図 8-6 均質核形成(a)と不均質核形成(b)の核の形態.

8.1 融液からの成長

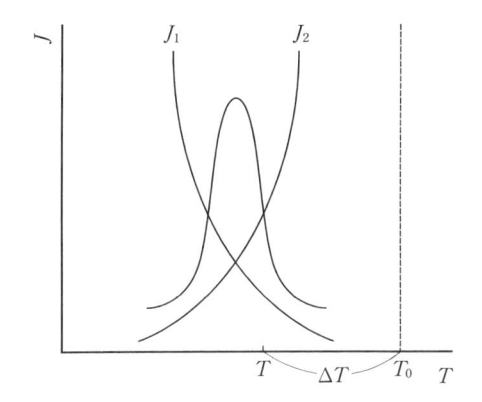

図 8-7 核形成速度 J と過冷却温度 ΔT の関係．T_0 は凝固点．ΔT が大きいほど J_1 が増加するが，温度が下降すると J_2 が減少する．適当な ΔT があるときに J は最大になる．

め，るつぼの器壁に核が発生しやすい．核形成速度 J は一般に

$$J = A \exp\left(-\frac{\Delta G^*}{kT}\right) \tag{8-14}$$

と表される．液体中の原子が界面を越えて固体に入り込んでくるので，原子が拡散を経て核に入り込む確率は，拡散の活性化エネルギーを E_D とすると，$\exp(-E_D/kT)$ となる．したがって，J は核の形成する速度と核に原子が拡散で入り込む確率との積となり

$$J = A' \exp\left(-\frac{\Delta G^*}{kT}\right) \cdot \exp\left(-\frac{E_D}{kT}\right) = A' \cdot J_1 \cdot J_2 \tag{8-15}$$

と表される．ここで，J_1, J_2 は核形成エネルギーの exp の項および拡散エネルギーの exp の項を示している．

いま融液が過冷却状態であるなら，T_0 よりも実際の温度 T が低いほど，つまり ΔT が大きいほど ΔG^* は小さくなり J_1 は増大する．しかし，J_2 は原子が拡散して核に入り込む確率であるから，低温になるほど拡散が起こりにくくなるので小さくなる．図に描くと図 8-7 のようになり，中間温度において J は最大になる．したがって，T_0 よりも低い適当な温度の過冷却が最大の核形成速度を与える．

8.2 固液界面の形態

ジャクソン（Jackson）によって提案された固液界面の構造に関する理論を説明する．この理論は融液から結晶が成長する際に，結晶が結晶学的面を外形にもった形態で成長するのか，あるいは結晶面をもたずに塊状で成長するのかを分ける理論である．前者をファセット成長といい，気相から成長した結晶は多くの場合この成長になる．溶液成長もそれが多い．融液成長では金属は一般にファセット成長をしない．しかし，例えばザロールなど有機結晶はファセット成長をする．

この理論では，低指数面における原子のオーダーの凹凸による荒れを問題にする．原子のオーダーである面は安定であり，その面を維持して成長する．しかし，その面で原子のオーダーで乱れがあれば，成長するにしたがって1原子層が結晶表面上で完成する前に部分的に面が形成されたところにさらに原子が積み重なることになり，その面は維持できなくなる．その結果としてファセットは消失し，全体として丸い形態の結晶が成長する．

単純立方格子の(001)面の結晶表面において原子の乱れがなければ図8-8(a)のようになる．しかし乱れがある場合には図8-8(b)のような配置をとる．いま結晶を横から見た2次元結晶を考える．そして N 個の原子の席

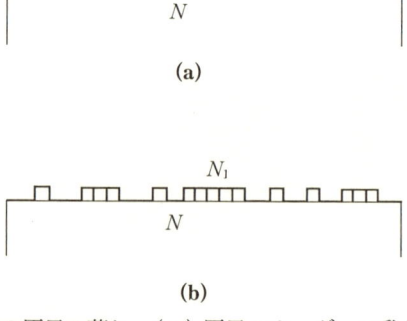

図 8-8 結晶表面の原子の荒れ．（a）原子のオーダーで乱れがない結晶面，（b）乱れがある結晶面．

をもつ平らな面を考える．N_1 個の原子が新しい層に入っているとする．ここでは 1 原子層だけの凹凸を考え，2 原子層以上の原子の凹凸は考えない．そのときの N_1 個の原子による被覆率 θ は次式のようになる．

$$\theta = N_1/N \tag{8-16}$$

結晶表面上の孤立した原子のまわりには 3 次元では新たに 4 個の未飽和ボンドが増える．その面がどのくらい荒れているかは，結晶と気相や融液相の間における界面の被覆率を求めることでわかる．平衡状態で $\theta=0$ であれば実際フラットな面であり，原子のオーダーの乱れは少ない．例えば，2 次元核ができればそれが拡がっていき成長する．しかし，$\theta=1/2$ のときには原子の乱れは最大となり，原子は次々と表面に吸着して垂直方向に成長し，沿面成長を必要としない．表面の吸着原子のギブスの自由エネルギー ΔG は PV の変化は小さいとして

$$\Delta G = \Delta U - T\Delta S \tag{8-17}$$

で表される．ここで，ΔU は吸着原子の未飽和ボンドの内部エネルギー，ΔS は N サイトの上で N_1 個の吸着原子がとる分配エントロピーである．

吸着原子 1 個当たりの水平方向のボンドの数を Z_1 とする．単純立方格子では $Z_1=4$ である．垂直方向のボンド数は吸着によって変化しない．新しい層の原子がでたらめに配列しているとすると，1 原子当たり平均して $Z_1\theta$ 個の隣接原子をもち，逆に 1 原子当たり $Z_1(1-\theta)$ 個のボンドは未飽和となる．したがって ΔU は

$$\Delta U = N_1 Z_1 (1-\theta) w \tag{8-18}$$

と表される．w は 1 本の未飽和ボンドのエネルギーである．つまり，吸着原子のために未飽和ボンドのエネルギーが平らな面に比べてこれだけ増加している．また，分配のエントロピー ΔS は，N 個の原子が存在する平らな面に N_1 個の吸着原子を配置させる場合の数から求まり，

$$S = k \ln \frac{N!}{N_1!(N-N_1)!} \tag{8-19}$$

と表され，スターリングの公式 $\ln x! \approx x\ln x - x$ を使って，(8-19)式を整理すると

$$S = k\{N \ln N - (N-N_1)\ln(N-N_1) - N_1 \ln N_1\}$$
$$= -k\{N(1-\theta)\ln(1-\theta) + N\theta \ln \theta\} \quad (8\text{-}20)$$

となる．(8-18)，(8-20)式を(8-17)式に代入すると

$$\Delta G = N_1 Z_1 (1-\theta) w + kT[N(1-\theta)\ln(1-\theta) + N\theta \ln \theta]$$

となり，

$$\frac{\Delta G}{NkT} = \frac{Z_1 w}{kT}\theta(1-\theta) + (1-\theta)\ln(1-\theta) + \theta \ln \theta \quad (8\text{-}21)$$

を得る．この式は新しい層の被覆率 θ に対する自由エネルギー ΔG の変化を示している．θ の変化に対する ΔG の変化を図8-9に示す．$Z_1 w/kT$ を α で表し，種々の α の変化に対して ΔG を示した．(8-21)式を θ で微分すると

$$\frac{\partial}{\partial \theta} \cdot \frac{\Delta G}{NkT} = \frac{Z_1 N}{kT}(1-2\theta) + \ln \frac{\theta}{1-\theta} \quad (8\text{-}22)$$

となり，$\theta = 1/2$ のときに $\frac{\partial}{\partial \theta} \cdot \frac{\Delta G}{NkT} = 0$ が常に成り立つ．つまり，図8-9に示された曲線で $\theta = 1/2$ のとき，極大あるいは極小値をとる．曲線を見ると，$\alpha > 2$ のときには，ΔG は θ が0 あるいは1 の近くに2つの極小値をもつ．逆に $\alpha < 2$ のときには，$\theta = 1/2$ で極小値をもつ．自由エネルギー ΔG

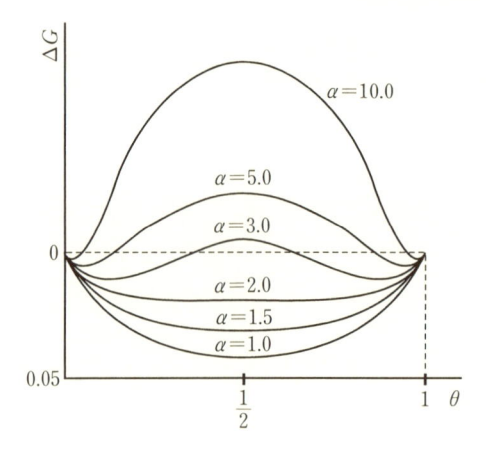

図 8-9 ジャクソンのパラメーター α に対する被覆率 θ の変化．

8.2 固液界面の形態

が極小のときが現実に起こりうる条件を与える.

ここで,結合手の未飽和ボンドエネルギー w は(6-4)式において $w=\varphi/2$ であるから,$w=\Delta h/Z_1$ で与えられる.Δh は気相成長では昇華熱であり,融液成長では融解の潜熱である.$\alpha=\Delta h/Z_1$ より Δh は実測値であるから,α は計算できる.上述の議論から,$\alpha=\Delta h/kT>2$ のときには,θ が0あるいは1の値をとり,凸凹のない界面が現れ,結晶成長は沿面成長となる.2次元核成長やらせん転位による成長が起こる.逆に,$\alpha<2$ のときには $\theta=1/2$ の値をとり,界面が荒れる.界面が荒れるということは吸着原子がでたらめに結晶側に付着することを意味し,成長速度はどこの点においてもほぼ同じであるため,全体として結晶は塊状となり,ファセットをもたない.成長機構は一様成長になる.表8-3に各物質に対する α の値を示した.例えばSiの例で示すと,融液成長するときの ΔH は49.8 kJ/mol,融点は1695 Kである.したがって,$\Delta H/RT=3.56$ となり $\alpha>2$ を満たしているので,現実のファセット成長をよく説明できる.

表8-3 ジャクソンの α パラメータの値.

物質	$\Delta h/kT$	物質	$\Delta h/kT$	物質	$\Delta h/kT$
P	0.825	Pb	0.935	H_2O	2.62
Fe	1.01	Cu	1.14	$C_6H_{11}OH$	0.69
Ag	1.14	Hg	1.16	$C_6H_5COCOC_6H_5$	6.3
Cd	1.22	Ni	1.25	CBr_4	1.27
Zn	1.26	Al	1.36	$CNCH_2CH_2CN$	1.40
Sn	1.64	Ga	2.18	$C_6H_4(OH)COOC_6H_5$	7
Bi	2.36	As	2.57	(ザロール)	
Ge	3.15	Si	3.56		

融液成長の場合,金属では $0.8<\alpha\leq1.5$ 程度であり,実際にファセット成長しない.半導体のGe,Si,Gaでは $\alpha>2$ でありファセット成長する.氷も $\alpha=2.62$ でファセット成長する.ザロールも $\alpha=7$ であり,有機結晶もファセット成長することがある.気相成長の場合には,Δh は昇華熱で一般に $\alpha>20$ であり,現実にファセット成長する.結晶が滑らかな多面体結晶

として成長する PVD，CVD の場合がこれに対応する．このようにしてジャクソンの界面における荒れの問題を取り扱った理論は，現実に成長する結晶の形状をよく説明することができる．

8.3　帯溶融による物質純化

融液成長においては，単結晶を作る前にその材料を純化することが望まれる．もちろん初めから純粋物質であればよいが，現実にはそのようなものはなく，単体の場合には用いる材料の精製法により大体純度が決まっている．しかし，これから述べる帯溶融法によってさらに純度を上げることができる．

いま単体の金属 A の全体を一旦融かして，一方向からゆっくり凝固させていくとしよう．その金属に種々の不純物原子が含まれるが，その1つの不純物金属を B とする．もとの物質の組成は純粋な A に近く，わずかな B を含むから，A-B 系の平衡状態図ではごく A に近いところを考えればよい．図 8-10 に示される平衡状態図で，材料が含んでいる B の組成（不純物濃度）を C_0 とすると，C_0 の組成をもつ液体を P 点の温度から T_e の温度まで下げると，液相線と Q 点でぶつかる．この温度で凝固を始める．凝固するときの固相の組成は T_e での固相線 R の組成 C_s となる．つまり C_0 の組成

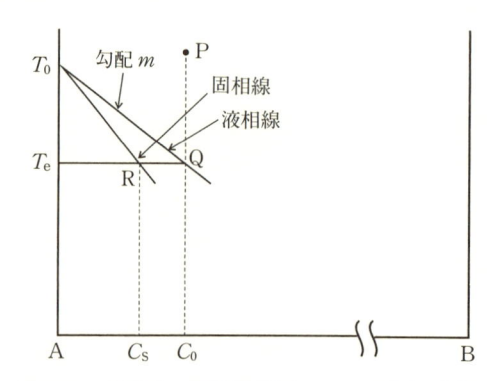

図 8-10　2 元系の平衡状態図における凝固過程．

8.3 帯溶融による物質純化

の融液を冷却すると，それよりも A の純度が高い C_S の組成の固体が凝固する．物質純化がされる可能性があるのは，平衡状態図において，図のように液相線，固相線が右下がりのときに限られる．平衡分配係数 k_0 は次式で定義される．

$$k_0 = C_S/C_0$$

$k_0<1$ の条件が物質純化に相当する．逆に $k_0>1$ のときには，不純物である溶質が固相側に堆積する．

さて $k_0<1$ のときには，溶質は液相側に排出するので固相側に比べて液相側は溶質濃度が高くなる．そこで，溶質濃度 C_0 をもつ棒状の試料が一方からゆっくり凝固させていくとき，溶質原子が液体の中でどのように分布するかを調べる．溶質は固体内では無拡散であり，液体内では拡散するとして取り扱う．液体側では不純物が排出されるので，固液界面の $x=0$ のときその濃度は最大で，x が遠方にいくにしたがって濃度は減少し C_0 に近づく．x における拡散により溶質が排出される量 J_x は，Fick の第1法則より $J_x = -D\left(\dfrac{dC_L}{dx}\right)_x$ である．ここで，C_L は液相中の溶質濃度である．D は拡散係数であり，$\text{cm}^2\text{sec}^{-1}$ の次元をもつ．$x+dx$ の位置では，溶質の流れ出る量 J_{x+dx} は $J_{x+dx} = -D\left(\dfrac{dC_L}{dx}\right)_{x+dx}$ である．dx 内の濃度変化は，流れの符号を変えて $(J_x - J_{x+dx})/dx$ となり，それが溶質濃度の時間変化に等しい．

$$\frac{J_x - J_{x+dx}}{dx} = \frac{dC}{dt} \qquad (8\text{-}23)$$

左辺は

$$\frac{-D\left(\dfrac{dC_L}{dx}\right)_x + D\left(\dfrac{dC_L}{dx}\right)_{x+dx}}{dx} = D\frac{d^2C_L}{dx^2} \qquad (8\text{-}24)$$

となる．したがって

$$\frac{dC}{dt} = D\frac{d^2C_L}{dx^2} \qquad (8\text{-}25)$$

を得る．この式が Fick の第2法則といわれる．一方，界面において凝固速度が u のとき，固液界面に原点をとった座標系を用いると，

$$\frac{dC}{dt} = \frac{dC}{dx} \cdot \frac{dx}{dt} = \frac{dC}{dx} \cdot (-u) \tag{8-26}$$

が成り立ち，次の微分方程式が成り立つ．

$$D\frac{d^2 C_L}{dx^2} + u\frac{dC_L}{dx} = 0 \tag{8-27}$$

これを，初期条件 $x=\infty$ で $C_L=C_0$，$x=0$ で $C_L=C_0/k_0$ を入れて解くと次の解が得られる．

$$C_L = C_0 \left\{ 1 + \frac{1-k_0}{k_0} \exp\left(-\frac{u}{D}x\right) \right\} \tag{8-28}$$

界面で融液中に排出される溶質のBの量は拡散で運び出されて定常状態となる．この関係を図に示すと図8-11のようになる．x は固液界面から液体側における距離である．界面で液体は $C_L=C_0/k_0$ の濃度をもち，x の増加とともに減少する．このようにして棒状の固相を一方向からゆっくり融かし

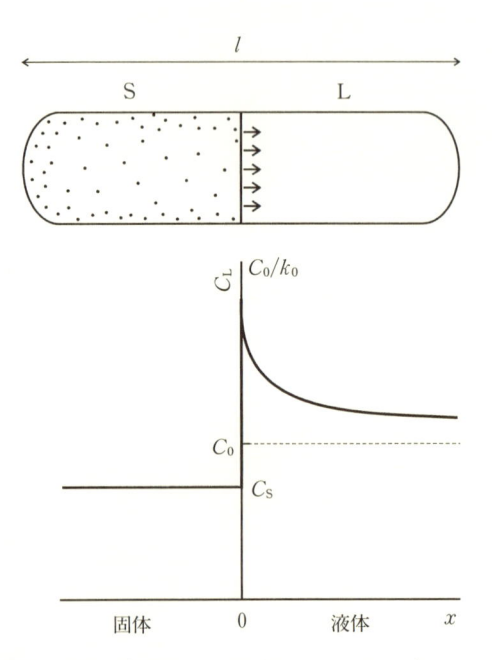

図 8-11 凝固における溶質原子の固液界面での排出 ($C_{L(\infty)}=C_0$, $C_{L(0)}=C_0/k_0$).

て凝固させていけば，固相中の溶質は界面で液相側に排出され固相は純化される．いままでは固相内での溶質の拡散はないとしたが，実際には固相内拡散が起こる．固液界面を移動させて試料を純化したときの固相内溶質濃度は次のようになる．試料の左端の位置を $x=0$ とし全長 l の試料で x まで固化が進んだとする．そのとき固相内の溶質量と液相中に排出される溶質の量との間には次式の関係がある．

$$\int_0^x C_S(x)dx + (l-x)C_L(x) = C_0 \cdot l$$

これを解くと，結果として

$$C_S(x) = kC_0\left(1-\frac{x}{l}\right)^{k_0-1} \tag{8-29}$$

となる．溶質原子は液相側に次第に排出されていくので固相側にも x 方向に分布をもち，x が小さいときには溶質濃度が小さくなる．x が l に近づくにしたがって液相中の濃度も高くなるので，固相中に混入する溶質濃度も高くなる．その様子を図 8-12 に示した．縦軸 C_S/C_0 は純化される程度を示し

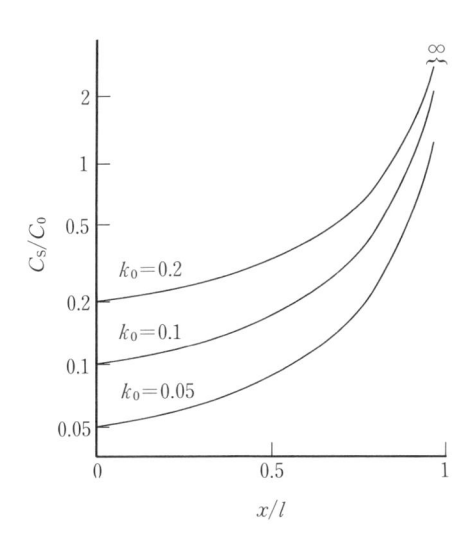

図 8-12 種々の k_0 の値をもつときの一方向凝固の際の固体中の溶質濃度の分布．

ており,値が例えば 0.05 の場合には最初の溶質濃度が凝固後にその 5%に減少することを意味している.物質純化の方法として図 8-11 のように試料の左側全体を融液にしてから固化してもよいが,融液を試料の一部に作り,それを移動させてもよい.実験的には,高周波誘導加熱などを用いて一部分を融液にして移動させることが多い.融液を帯状に作ることから帯溶融 (zone melt) 法と呼ばれており,物質純化のために使われている方法である.またゾーンの移動も 1 回だけではなく何回も繰り返し行ったほうが純度は上がる.

8.4 組成的過冷却およびセル構造

わずかな不純物を含むときの物質の凝固点は図 8-10 の液相線によって決められる.例えば C_0 の濃度では T_e で液相と固相が平衡する.したがって,その温度で固相が析出し始める.液相線は純物質 A の近くでは濃度に対して直線関係で変化しているので,不純物を含む物質の凝固点 T_e は一般に図 8-10 に示されるように

$$T_e = T_0 - mC_L \tag{8-30}$$

と表される.T_0 は純物質の凝固点,m は勾配,C_L は融液の濃度である.つまり溶質混入によって凝固点は下がる.

さて,棒状試料が図 8-13 のように左から右に凝固していくときの界面のすぐ前方の凝固温度を調べよう.(8-30)式に(8-28)式を代入すると,界面から前方の距離 x に対する平衡凝固温度が求められる.

$$T_e = T_0 - mC_0\left\{1 + \frac{1-k_0}{k_0}\exp\left(-\frac{u}{D}x\right)\right\} \tag{8-31}$$

図 8-13 に,x に対する溶質濃度の変化と凝固温度の変化を示した.$x=0$ の点においては溶質濃度が最大となり,凝固温度も最小の $T_0 - m \cdot C_0/k_0$ の値をとる.x が増加するにしたがって溶質濃度は低下し,T_e は高くなる.x が遠方では融液は融かす前の固相試料組成と同じ濃度 C_0 をもち,T_e は $T_0 - mC_0$ となる.

8.4 組成的過冷却およびセル構造

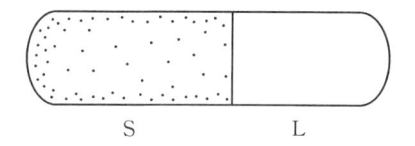

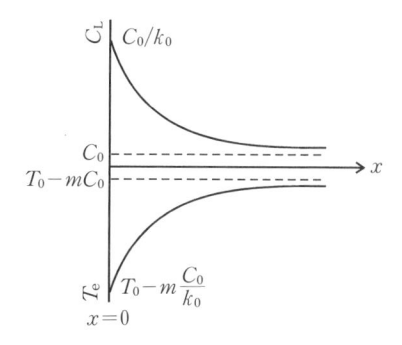

図 8-13 x に対する溶質濃度の変化と凝固温度.

実際の融液の温度は，界面においては凝固温度が $T_0 - m \cdot C_0/k_0$ まで下がり，さらにそれよりも過冷却 ΔT だけ下がっていなければならない．ブリッジマン法や引き上げ法で結晶成長を行うときには，るつぼの中では固液界面から下方 x に向かって温度が高くなっている．上図のような場合も右側が温度が高い．ΔT は小さいとして無視すると，融液の温度変化は

$$T = T_0 - m\frac{C_0}{k_0} + gx, \qquad g > 0 \tag{8-32}$$

となる．ここで g は融液の温度勾配である．x の変化に対して (8-31) 式の凝固点 T_e と (8-32) 式の実際の温度 $T_1, T_2, \cdots$ を書き入れると図 8-14 のようになる．いま実際の液相の温度 T が T_1 のようになっているとすると，0 から x_1 の範囲において液相の凝固点よりも融液の温度の方が低くなる．つまり，固相の前方に過冷却の状態ができている．これを組成的過冷却という．これは界面のところにできている普通の過冷却 ΔT とは異なり，溶質原子が液相側に排出したために起こる凝固点降下によって生じる過冷却である．その大きさは x に依存しており，固液界面の近くでは前方にいくほど増加して

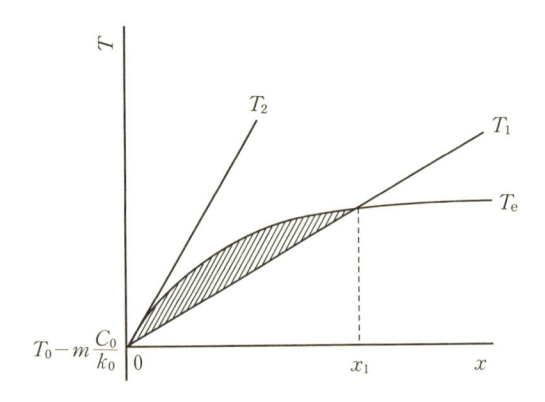

図 8-14 固液界面より前方 x における凝固温度 T_e と実際の融液の温度 T_1, T_2. T_1 では組成的過冷却が起こる. T_2 では起こらない.

いる.実験条件から,融液の温度が T_2 になっている場合には組成的過冷却は存在しなくなる.つまり,

$$\left(\frac{dT_e}{dx}\right)_{x=0} > \left(\frac{dT}{dx}\right)_{x=0} : 組成的過冷却が起こる$$

$$\left(\frac{dT_e}{dx}\right)_{x=0} < \left(\frac{dT}{dx}\right)_{x=0} : 組成的過冷却が起こらない$$

組成的過冷却が起こらない場合には界面は安定であり,平滑な界面が出現する.組成的過冷却を避ける条件は,(8-31),(8-32)式を上式に代入して次式を得る.

$$\frac{g}{u} \geq m(1-k_0) \cdot \frac{C_0}{k_0 D} \tag{8-33}$$

これより,成長速度 u を小さくして,融液中の温度勾配 g を大きくすることが必要である.

組成的過冷却は純物質に不純物が存在する場合や,意図的に異種物質を混入させた場合に起こる.固液界面近くでは,不純物効果のため凝固点が急峻に降下し,液体側の遠方にいけばほぼ一定値になる.これは界面近くで発生する組成変化のための過冷却現象である.組成的過冷却がある場合には,界面は不安定になりセル構造を形成する.以下にセル構造の形成機構を述べ

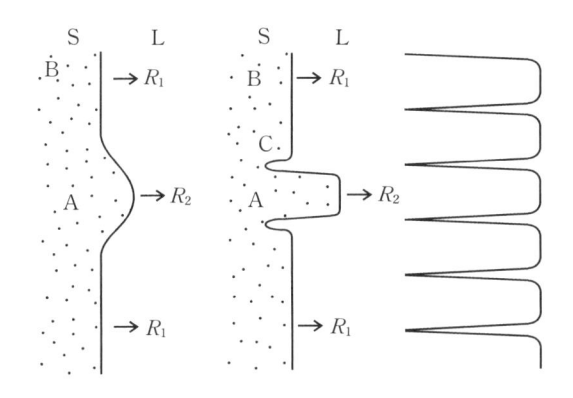

図 8-15 組成的過冷却があるときの固相の成長.

　る.
　図 8-15 のように，固相側 S と液相側 L との境界が界面であり，液相側の前方において凝固点よりも低い普通の ΔT の過冷却があるとき，どの部分も R_1 の成長速度で前進する．いま，固液界面に A の部分でわずかな突起ができるとする．そうすると，突起がない部分 B に比べて A の部分は液体側の内部に入り込んでいるから，図 8-14 にみられるように組成的過冷却のため過冷却度が増大する．A での成長速度 R_2 は B の R_1 に比べて大きくなり，ますます突起は成長する．突起の両側では，溶質が排出されるためその濃度が高くなる．そして溶質濃度が高くなると凝固点が降下する．C の部分では融解し，窪みを作る．固相はこの融液部分を引きずりながら成長する．このような突起が周期的に形成されたとすると，突起の両側では溶質濃度が高くなり，最後に固化する．このような過程で溶質濃度が成長中に再分布し，最後に固相内に取り込まれる．図 8-16 に組成的過冷却を起こして CBr_4 が成長する様子を示した．成長した結晶を成長軸に垂直に切り出してその表面を研磨すると，ハチの巣型の模様が観察されることがある．これをセル構造あるいはセル組織といっており，上述した機構によって形成される 6 角形状の仕切り部分に不純物が堆積している．
　なお，図 8-14 に示される温度分布は組成的過冷却によるものであるが，

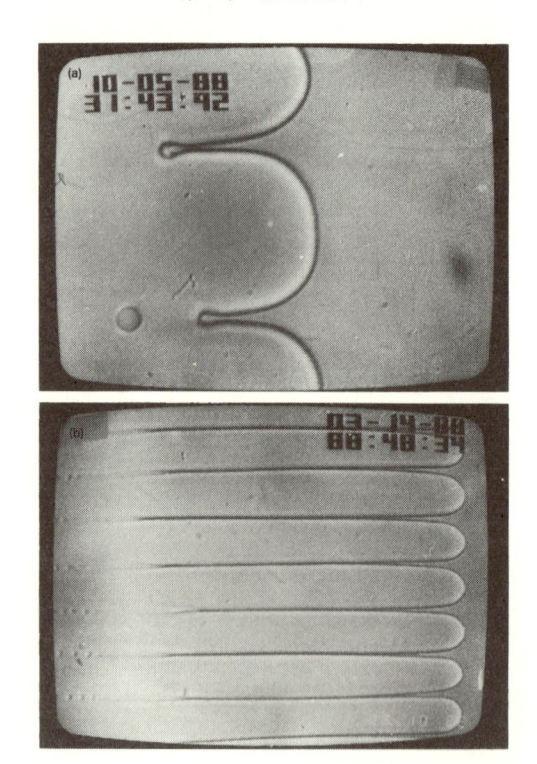

図 8-16 組成的過冷却を生じた不純物を含む CBr_4 の成長の様子（B. Billia, R. Trivedi による）[8]．液相中に左側から固相が結晶成長をし，溝を作っている．上，下の写真は成長条件が異なる．

不純物の影響によらない一般の純物質の固化においても界面の前方において強い過冷却が存在する場合がある．図 8-17(a)では固液界面の液体側において温度の高い正の勾配をもっており，この場合安定な成長が起こる．それに対して図 8-17(b)では液体側で負の勾配をもっている．この場合，上述の議論と同様に界面の前方において過冷却ができ，遠方ほど高くなっているからこのような場合には界面で突起が形成されると，成長速度が大きくなり液相側に突入する．このようにしてデンドライト（樹枝状結晶）が成長する．一般にデンドライト成長では特定の成長軸をもっており，1つの突起か

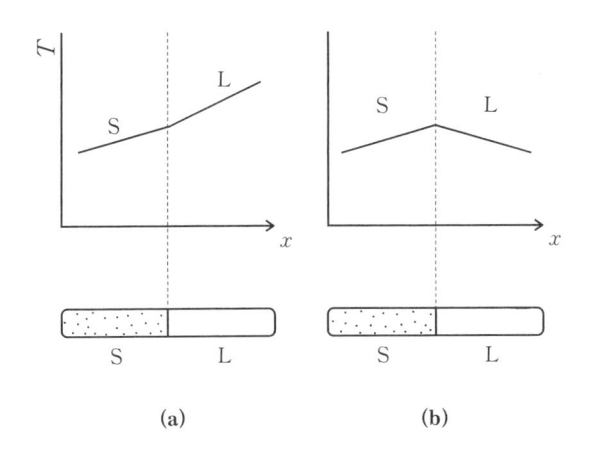

8.4 組成的過冷却およびセル構造

図 8-17 （a）固液界面の融液側の正の温度勾配，（b）固液界面の融液側の負の温度勾配．

ら次々と枝が分かれ，ちょうど，木の枝が成長するように成長していく．融液成長では最初に固液界面で液相側に樹枝のような結晶が成長して，その後その空隙部分を埋めるように融液相が固化していく．組織をみると，その境界がデンドライトとして成長したことがわかる．気相成長では雪の結晶がデンドライト成長の典型例である．一般にデンドライトは高い過飽和度の雰囲気のもとで発生する．

　何らかの理由で，成長する結晶の周辺において結晶の中心から遠く離れると，過飽和度が高くなる状況になることがある．デンドライトもその例であるが，溶液成長，気相成長で骸晶（hopper crystal）といわれるものもその例である．結晶の端の方が次々と成長し，中心部分がとり残され，窪みや凹状になることがある．一般にこれは過飽和度が大きいときに現れる．次章の図 9-9 に Si 上にエピタキシャル成長させた Ag 微結晶を示しているが，その結晶の中央部が窪んでいる．これが骸晶である．

第9章　エピタキシャル成長

9.1 成長様式

　気相から結晶を成長させる方法の1つとしてエピタキシャル成長法がある．これは基板上に原子や分子を付着させて薄膜状の単結晶を成長させる方法である．その厚さは一般に1原子層から数 μm 程度である．それ以上の膜厚に成長させることもできるが，その用途からいってその程度の厚さで十分に機能を果たせることが多い．

　エピタキシャル成長は，薄膜が基板の結晶方位と一定の結晶学的方位関係をもって成長することをいう．両方位が一定の関係をもつ現象をエピタキシーといっている．例えば，へき開した KCl の(001)面をもつ結晶表面上に Ag を蒸着すると，Ag は最初その面上に結晶粒子状に成長するが，互いに接合するようになり，最終的には薄膜状に成長する．そのときの Ag の薄膜の結晶面指数は図9-1に示すように(001)面であり，KCl の(001)面内の[100]方位と Ag の[100]方位が平行になる．この成長では，基板に対して薄膜はどこの場所でも一定の結晶方位関係をもっていることから，薄膜自体は単結晶となる．こうして特定の面指数をもった薄膜単結晶が作成され，電子デバイスなどに用いられているのである．エピタキシャル成長は一般に基板の温度が十分に高いときに起こる．以下に成長様式を述べるが，どのような成長様式をとっても結晶基板上で蒸着原子が表面拡散を行えるならば，安定

図 9-1 KCl(001)面上に成長した Ag 結晶の透過電子顕微鏡像．(a)は明視野像，(b)は同一視野の暗視野像（井野による）[1]．

なエピタキシャル方位関係をもった薄膜が成長する．一方，基板が結晶でないアモルファスを使うと単結晶薄膜にはならず，多結晶や配向性をもった薄膜となる．

　蒸着源から原子が基板上に一様に入射する．基板の温度は蒸着源の温度に

比べて低いので再蒸発する原子はほとんどない．原子は基板上で表面拡散を行い，結晶の核を形成する．一度核が形成されると，そこに原子が流入して成長する．核は基板上の多数の場所に発生する．核の形態は微小な3次元結晶，あるいは2次元の単原子層の形態をもつ．核の構造は，3次元結晶ではそのバルクの構造をもち，2次元の単原子層の場合には，組み合わせの種類によって様々な構造をもつ．薄膜の成長では，その成長過程あるいは成長形態から区別して3種類の成長様式がある．

まず，基板上に3次元微結晶が点在して成長するフォルマー-ウェーバー (Volmer-Weber) 成長様式がある．これは最初に3次元の核ができ，続いて成長することから，核成長 (nucleation and growth) ともいわれる．あるいは島成長 (island growth) ともいう．基板上に一様に原子が気相から入射すると，図9-2(a)に示されるようにほぼ一定間隔をもって結晶の核が形成される．一度核が形成されると，次に入射してくる原子は基板上で表面拡散を行い，核に到達する．核が原子の吸い込み口であるから，核のまわりの吸着原子の濃度が小さくなり濃度勾配ができる．蒸着量の増加とともに結

(a)

(b)

(c)

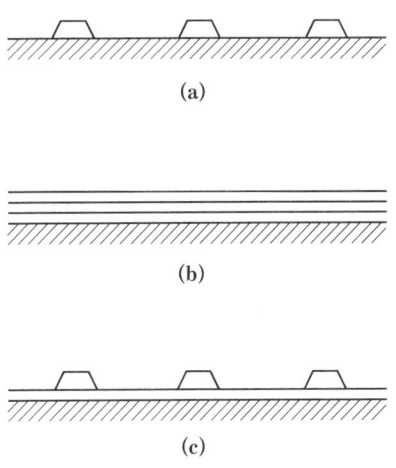

図 9-2 蒸着膜の成長様式．(a) フォルマー-ウェーバー (Volmer-Weber) 型，(b) フランク-ファンデルメルヴェ (Frank-van der Merwe) 型，(c) ストランスキー-クラスタノフ (Stranski-Krastanov) 型成長．

晶粒子が成長していき，やがては結晶粒子どうしが接触するようになり，結晶の間に多くの川状の溝を作る．これを川模様と呼んでいる．さらに，この"川"が埋められて穴状となり，最終的に連続膜となる．連続膜となった時点で膜厚は一定になっている．"川"や穴が優先的に原子が付着することによって埋められていくのは，そこにはステップやキンクが多数存在するためである．連続膜の膜厚はイオン結晶やマイカ上の金属では数1000 Å（数100 nm）である．この型の成長は一般に基板と蒸着物との間で化学的性質が異なる場合に起こり，イオン結晶，マイカ，グラファイト，サファイヤ上の金属の蒸着のときなどに現れる．

次に，基板上に気相からの原子が表面上に1原子層ごと順序よく積み重なって成長するフランク-ファンデルメルヴェ（Frank-van der Merwe）成長様式がある．図9-2(b)にその様子を示してある．1原子層ごとに成長することから層成長ともいわれる．基板と蒸着物が同じ種類の物質で，しかも同一の結晶構造をもつ金属などで起こる．例えば，Cu上のAg，Pd上のAu，Cu上のFe，Ni上のFeなどの金属上の金属，あるいはPbSe/PbSのような化合物どうしにおいてもみられる．

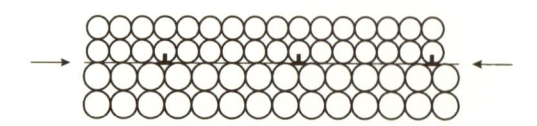

図 9-3 基板と薄膜との界面に生じるミスフィット転位．

一般にこの型の成長は両者の格子定数が近い物質の間で起こる．基板と蒸着物との間の界面において両者の原子間隔がわずかに食い違いがあるため弾性的に歪んだり，あるいは図9-3に示されるミスフィット転位という界面に特有な転位が形成されたりして両者の原子間隔の食い違いを解消させる．例えば，正方格子をもつ両面が界面で接しており，その格子間隔が1%違うとすれば，理想的には100原子列ごとに1本の刃状転位が界面に碁盤状に縦横に入った構造をとることになる．実際に，このようなミスフィット転位の存

在が電子顕微鏡によって観察されている．

そして最後に基板上に単層膜が成長し，それが完成すると，その上に多数の3次元結晶が成長していくストランスキー-クラスタノフ（Stranski-Krastanov）成長様式がある．この成長では最初図9-2(c)のように第1原子層がフランク-ファンデルメルヴェ型をとり，その後はフォルマー-ウェーバー型をとる．高温に保持したSi(111)面にAgを蒸着すると，最初にAgの2次元吸着層として$\sqrt{3} \times \sqrt{3}$（R30°）構造と呼ばれる単原子層が形成される．次にAgの3次元結晶がちょうどフォルマー-ウェーバー型と同じようにエピタキシャル成長する．この結晶が蒸着量の増加に伴って成長し，いずれはそれがつながって連続膜に発達する．SiやGeなど半導体の上のAg，Auなどの金属，MoやWのような高融点金属上のAu，Agなどの金属の組み合わせでみつけられた．

以上は基板温度が高く熱平衡状態で行われる成長様式であるが，基板の温度が低く蒸着原子が表面拡散を十分に行えない場合には蒸着原子は入射位置付近に留まり，層成長に近い成長様式をとる．一般にその層はサイズの小さいエピタキシャル積層の集合体から成っており，それらの間では方位が違ったり位相が違ったりする．

これらの成長様式が何によって決まるのかは基板と凝結物の表面エネルギー，両者の間の界面エネルギーの大きさに関係している．成長様式を説明するためにしばしば表面上の液滴形態が用いられる．図3-4のように基板上に液滴がθの角度をもって安定に存在したとすればヤング（Young）の式が成り立つ．

$$\sigma_A \cos \theta + \sigma_{AB} = \sigma_B \qquad (9\text{-}1)$$

σ_Aは凝結物の表面エネルギー，σ_Bは基板の表面エネルギー，σ_{AB}は界面エネルギーである．

ここで液滴が安定な形状を保つためには$0° < \theta < 180°$でなければならず，そのときには$\sigma_B < \sigma_A + \sigma_{AB}$が成り立つ．しかし，逆の場合$\sigma_B > \sigma_A + \sigma_{AB}$ではもはや液滴は安定に存在し得なくなり，膜状に基板上にぬれた方が安定である．つまり"ぬれ"の現象を起こす．基板の表面エネルギーが，凝結物の表

面エネルギーと界面エネルギーの和よりも大きければ凝結物は基板の表面をぬらすことによってその表面を消失させる．その結果全体としてのエネルギーを低下させる．

　凝結物が固体の場合にもほぼ同様の議論が成り立つ．ここでは基板上における凝結物の熱平衡状態における形態，つまり平衡形について述べる．基板上の平衡形についてはすでに平衡形の章で議論した．その結果は，カイシェフ（Kaischev）の定理でその形態を表すことができる．

　AとBとの間の接着エネルギーをγとすると，

$$\frac{\sigma_1}{h_1}=\frac{\sigma_2}{h_2}=\frac{\sigma_A}{h_A}=\frac{\sigma_A-\gamma}{h_{AB}}=\text{const.} \qquad (9\text{-}2)$$

と表される．この式を使って具体的に単純立方格子の形態を求め，それをすでに図5-8に示した．

　$\sigma_A>\gamma$のときには分母も正とならねばならない．$\sigma_A=\gamma$のときには$h_{AB}=0$であり，ちょうど平衡形を半分切り取った形が基板上に現れる．$2\sigma_A\approx\gamma$のときには，h_{AB}は$-h_A$となり，基板上にほとんど埋もれた形となる．これが2次元層成長への移行を示している．さらに$2\sigma_A<\gamma$では，$\sigma_B>\sigma_A+\sigma_{AB}$が成り立ち，基板表面を蒸着物がぬらしたほうが安定となり，2次元層成長となる．

　このようにして核成長や層成長の成長様式を説明することができる．ストランスキー–クラスタノフ成長は，層成長が1原子層完成した後の成長形態によって決まる．その後の成長が核成長ならばストランスキー–クラスタノフ成長となる．その条件として1原子層完成した後の表面の表面エネルギーσ'_Aが蒸着物の表面エネルギーσ_Aより小さければ，前の核形成の議論と同様にストランスキー–クラスタノフ成長として発達する．逆に$\sigma'_A>\sigma_A$，あるいは$\sigma'_A\approx\sigma_A$ならば層成長が第2原子層後も続き，フランク-ファンデルメルヴェ成長すると考えられる．

9.2 成長様式の実験的証拠

フォルマー–ウェーバー成長は,成長様式としては初めにみつけられたものであり,薄膜は一様な厚さをもって成長していくわけではないことが実験的に示された.これはイオン結晶上の金属薄膜の成長において透過電子顕微鏡によってみつけられた.同時に電子回折によりその基板に対するエピタキシーが調べられ,初期に現れる微結晶は基板に対してエピタキシャル成長をしていることがわかった.その後成長時の時々刻々の変化をみる"その場"観察法によって微結晶の基板上での核形成,合体,そして最終的な一様な厚さの膜形成に至るまでの過程が明らかにされた.

フランク–ファンデルメルヴェ成長あるいはストランスキー–クラスタノフ成長では,最初に1原子層の層成長が起こるので,それを実験的に検出する方法が必要であった.それには超高真空を利用した低速電子回折,反射高速電子回折,オージェ電子分光,熱脱離分光などが用いられた.

(1) オージェ電子分光(Auger electron spectroscopy, AES)

オージェ電子分光法は1925年オージェ(Auger)によって発見された原

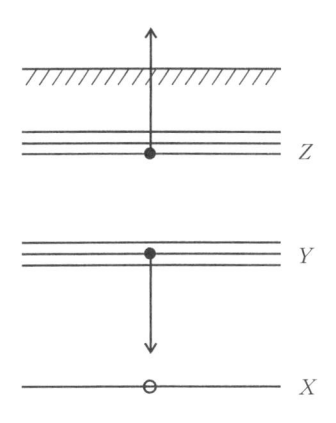

図 9-4 オージェ電子の発生過程.

子分光法の1つである．その原理は次の通りである．電子線（～2 kV）を結晶表面に照射すると，図9-4のように表面近くの原子の内殻から準位 X の電子が飛ばされて空位ができる．オージェ過程はその空位を埋めるために高い準位 Y から電子が遷移することによって起こる．この遷移によって得られたエネルギー減少分は，他の高い準位 Z の電子が原子の外に放出されることによって補償される．この外に放出された電子が XYZ オージェ電子と呼ばれており，準位間のエネルギー差は原子固有であるためにオージェ電子は特定のエネルギーをもつ．電子線の加速電圧は2 kV 程度であり，ある程度結晶内部まで透過するが，結晶内部の原子から放出されたオージェ電子は，そのエネルギーが低いため表面に抜け出すことができない．よって表面の第1原子層の分析能力が最大で，第2，第3原子層と内部に入るにしたがってその能力は減衰する．

普通 AES で測定される量は，電子密度 $N(E)$ をエネルギーで微分した $\frac{dN(E)}{dE}$ の形にして分析元素固有のエネルギー値におけるピークの上限から下限までの高さで示している．それを peak-to-peak hight と呼んだり，オージェ信号強度と呼んだりしている．オージェ信号強度はある種類の原子が表面上に2次元的に配列している場合には，そこに存在する原子の個数に比例する．このような性質を利用して，蒸着量の増加に対するオージェ信号強度の変化を求め，この曲線から成長様式を調べている．

蒸着量の単位は，基板の表面原子の密度に等しい蒸着量を被覆率 $\theta=1$ と定義し，その1原子層（単原子層）の厚さ（1 ML；1 Monolayer）はバルク結晶から計算される．基板の表面原子密度を n_0，蒸着物の最稠密面の表面密度を n，その1原子層の厚さを a_0 とすると

$$1\,\mathrm{ML} = \frac{n_0}{n} \times a_0 \quad (\text{Å})$$

ただし，立方晶では $a_0 = \dfrac{a}{\sqrt{h^2+k^2+l^2}}$ （a：格子定数）

となる．hkl の指数は最稠密面をとり，fcc では(111)面である．膜厚が1原子層近傍，あるいはそれ以下の場合には，一般に基板の被覆の程度を表す θ

9.2 成長様式の実験的証拠

が用いられる．一方，膜厚が厚いときには，蒸着物そのものの厚さ a_0 を用いて膜厚を表示する．実験的には水晶膜厚計などで蒸着物そのものの膜厚を測定する．

基板に対して蒸着物が図9-2(b)のように1原子層，2原子層，…と積み重なって膜が成長したとする．被覆率が増加しても表面第1層目によるオージェ信号強度の寄与分は常に同じである．第2原子層目の寄与は第1原子層目に比べて $1/e^a$（a：正の定数），第3原子層目の寄与は $1/e^{2a}$ …となる．こうして蒸着量が第1層目から第2層目，第3層目と増加すると，オージェ信号強度はそれぞれの合計となるので，全体として指数関数的な曲線となる．つまり，オージェ信号強度が被覆率の増加に対して指数関数的に増大する形をとれば，フランク-ファンデルメルヴェ成長様式をとっていることがわかる．図9-5は実際のMo(110)面上にAuを蒸着していくときのオージェ信号曲線であるが，フランク-ファンデルメルヴェ成長様式をとることを示し

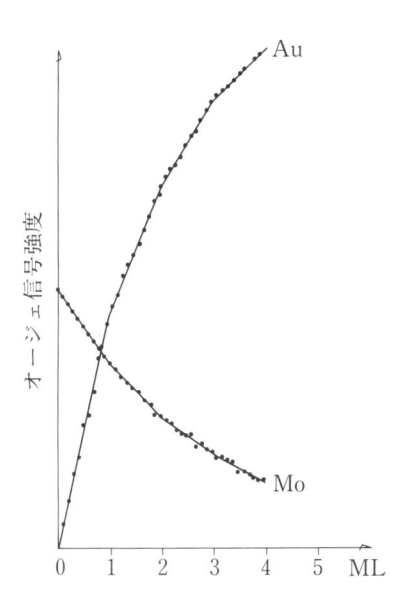

図9-5 Mo(110)面上に室温でAuを蒸着するときのAuおよびMoのオージェ信号強度の変化（Gillet and Gruzza による）[5]．

ている．Auの1原子層の蒸着量に至るまで直線で増加しており，次の2原子層までは勾配が小さくなっている．一方，Moのオージェ信号強度は蒸着とともに減衰している．

これに対して，Si(111)面を400°Cに保ってAuを蒸着していくと，図9-6に示されるものとなる．1原子層までは直線的に増加し，それ以降ではほとんど変化がない．これは次のように解釈することができる．微少量ごとに蒸着されたAg原子はSi表面上で2次元吸着層を部分的に作り，蒸着量の増加と共にその領域を拡げていく．やがてAg原子の供給によりその表面はAgで飽和し，2次元層が試料表面全面にわたって完成する．これが折れ曲がりの点に対応している．その後は3次元結晶粒子が形成される．3次元結晶粒子の形成によるオージェ信号強度の増加分は小さいのでほぼ一定値をとる．このようにしてストランスキー-クラスタノフ成長が起こることを確認できる．さらに，この関係における折れ曲がりの被覆率は2次元層の表面化学組成を示しているので，2次元層の構造はSi(111)面の原子数と蒸着物のAgのそれが一致するものでなければならない．400°Cにおける2次元層はLEEDやRHEEDの研究から$\sqrt{3}\times\sqrt{3}$（R30°）構造が形成することがわか

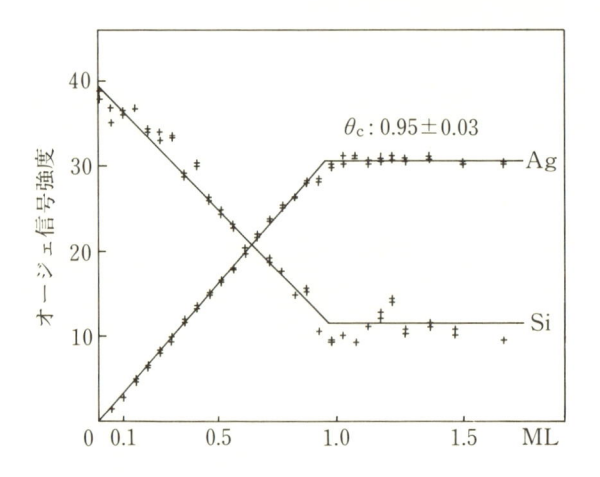

図 **9-6**　Si(111)面上に400°CでAgを蒸着するときのAgおよびSiのオージェ信号の強度変化（後藤らによる）[6]．

っているので，その表面構造のいくつかの原子モデルが提案された．最近，X線による実験によってこの2次元層の原子配列が決定されている．こうして求められた $\sqrt{3}\times\sqrt{3}$（R30°）構造を図9-7に示す．

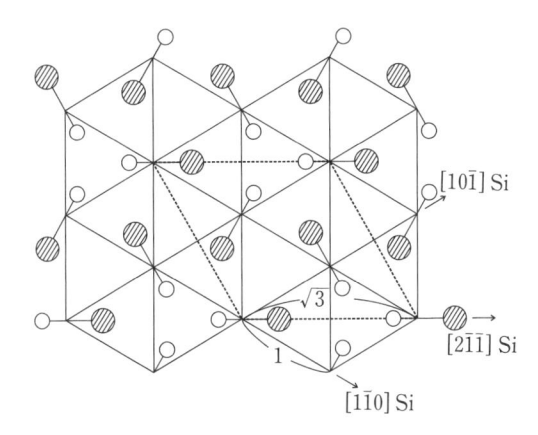

図 9-7 Si(111)面上の Ag の $\sqrt{3}\times\sqrt{3}$（R30°）構造の原子配列．もとの Si(111)面の原子配列が6角格子で表されている．斜線の丸が Ag 原子を示しており Ag の吸着によって第1 Si 表面層の原子（白丸）が移動している．点線がこの構造の単位網を示しており，Si 原子3個，Ag 原子3個を含んでいる（高橋らによる）[7]．

（2） 低速電子回折（Low energy electron diffraction, LEED）および反射高速電子回折（Reflection high energy electron diffraction, RHEED）

フランク-ファンデルメルヴェ成長やストランスキー-クラスタノフ成長においては基板の上に蒸着することによって表面の構造が変わり，それをLEEDやRHEEDの回折現象によって観察することができる．最初に基板表面の構造を LEED 図形で確認し，蒸着しながらその図形の変化を観察する．蒸着による新しい表面構造が現れればそれに対応する LEED 図形が現れることになる．

ここで，2次元の回折図形の解説を簡単にしておこう．2次元では表面の原子の配列だけを問題にするので，表面の2次元格子で表現する．電子線は

試料に垂直に入射するとしよう．電子線の太さは約 0.1 mm 程度であり波長は数Åである．入射電子線は表面に存在する 2 次元格子の原子列から回折される．原子列の間隔は数Åであり，それが色々な方向に並んでいる．原子列が一定の間隔をもって規則的に並んでいるので，電子はそこから特定の方向に回折されて電子強度の高い部分が生じる．それが蛍光板に当たり輝点を生じる．回折される方向は原子列に垂直な方向であり，原点からの距離は原子列の間隔が大きいほど短い．これはブラッグ（Bragg）の式

$$2d \sin \theta = \lambda \qquad (9\text{-}3)$$

において λ が一定であるから，原子列間隔 d が大きいと θ が小さくなり内側寄りの反射スポットとなるからである．この反射の現れ方を示したのが 2 次元逆格子である．LEED では 2 次元逆格子の配列をそのままみることができるように設計されている．

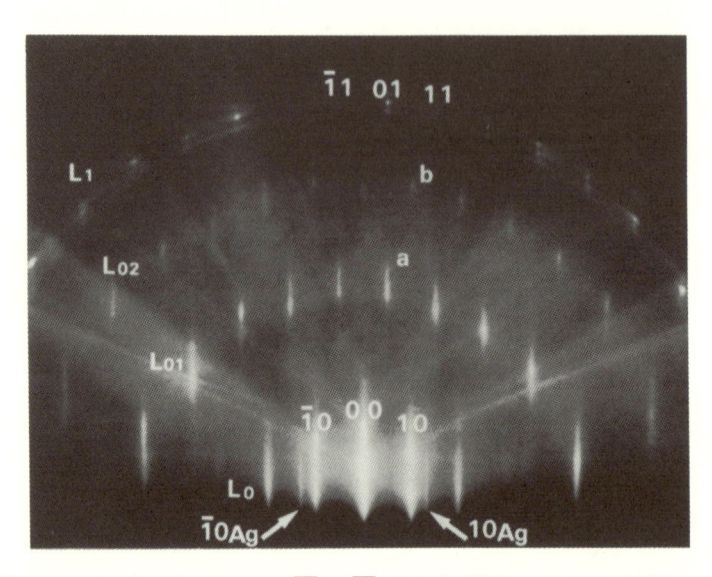

図 9-8　Si(111)面上の Ag の $\sqrt{3} \times \sqrt{3}$（R30°）構造の RHEED 図形．00, 10, 11, 01…などが Si のダイヤモンド構造による表面の反射，a, b に示される反射が $\sqrt{3} \times \sqrt{3}$（R30°）構造によるものである．10_{Ag} などの反射が Ag の微結晶によるものである（後藤らによる）[4,9]．

9.2 成長様式の実験的証拠

　一方，RHEEDの観察においては表面すれすれに高速電子ビームを照射し，表面からの回折した電子を蛍光板に映し出す．入射線の方向を表面にほとんど平行にするため，回折図形は紙面の方向に引き伸ばされたような形となり，変形されたものとなる．Siの(111)面に400℃で3 MLのAgを蒸着したときのRHEED図形を図9-8に示してある．この回折図形を解析すると，Siの最近接原子間距離を1とすると$\sqrt{3}$を1辺とする平行4辺形が基本単位となる．これから求められる実格子は，表面化学組成が1であることを考慮すると，X線構造解析から求められた図9-7の配列を支持している．ここではさらに$\sqrt{3}\times\sqrt{3}$（R30°）構造のほかにAgの結晶による反射が現れる．つまり，$\sqrt{3}\times\sqrt{3}$構造の表面吸着層の上にAgの微結晶が形成されていることがわかる．このようなRHEED図形を示した試料を超高真空から取り出しSEM（走査電子顕微鏡：Scanning electron microscope）で観察すると，図9-9に示されるようにAg微結晶が観察される．RHEED図形，SEM観察からAg微結晶も基板に対してエピタキシャル成長していることがわかる．その方位関係はSiの(111)表面上にAgの(111)面が平行であり，Siの[1$\bar{1}$0]方位がAgの[1$\bar{1}$0]方位に平行である．それを[1$\bar{1}$0]$_{Ag}$∥[1$\bar{1}$0]$_{Si}$, (111)$_{Ag}$∥(111)$_{Si}$のように表す．以上のことからSi(111)面上のAgはストランスキー–クラスタノフ成長することがわかる．

　Si(111)面では，清浄表面が表面再構成を起こし7×7構造が現れる．そして1 MLのAgの蒸着によって$\sqrt{3}\times\sqrt{3}$（R30°）構造をもつ表面構造に変わった．表面再構成するしないにかかわらず，表面上での蒸着においては1原子層に至るまでは蒸着物の2次元層の構造はいろいろなものをとる．それらはバルク結晶の特定の面の原子配列をとる場合，それに近いが変形をした構造をとる場合，基板表面の原子配列にならった擬似構造（Pseudomorphism）をとる場合，あるいはまったく異なった構造をとる場合など，基板と蒸着物の組み合わせによってさまざまである．この機構については現在研究途上にある．これらの蒸着物の構造はLEED，RHEED，イオン散乱，走査トンネル顕微鏡などのいろいろな方法により調べられている．

　フランク–ファンデルメルヴェ成長の場合には，最初は基板表面による

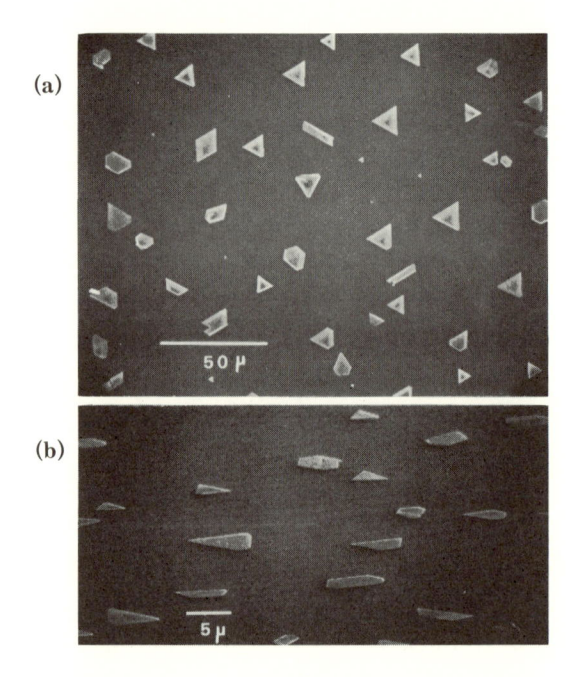

図 9-9 Si(111)面上にエピタキシャル成長をした Ag 結晶粒子の SEM 像．(a)は上から見たもの，(b)は斜めから見たもの（後藤らによる）[4,9]．

LEED 図形あるいは RHEED 図形がみられ，蒸着量の増加とともに，それが蒸着物の回折図形に次第に変わっていき，最終的には蒸着物そのものの回折図形になる．

(3) 熱脱離分光（Thermo desorption spectroscopy；TDS）

ストランスキー–クラスタノフ成長においては最初に 2 次元吸着層が形成され，続いて 3 次元微結晶が成長する．それがさらに成長して全体が薄膜状となる．2 次元吸着層が最初にできるのは基板表面の原子と蒸着物の原子との結合力が蒸着物原子間の結合力よりも大きいからである．もしもそうならば，2 次元層と 3 次元結晶とで蒸発エネルギーが異なるから，2 相両相を同時に昇温させていくと蒸発温度が異なるはずである．

9.2 成長様式の実験的証拠

TDS の測定では，超高真空中で基板上に室温で蒸着し，ある膜厚にしたものを一定の速度で昇温させる．そのとき蒸発する蒸着原子を質量分析計で測定する．蒸発の活性化エネルギーが両相で異なるので，2 つのピークが現れる．図 9-10 は Ag/Si(111) を昇温させたときの TDS（熱脱離）曲線である．最初に現れるピークは 3 次元結晶粒子の蒸発に対応しており，高温側で現れるピークは 2 次元層の蒸発を示している．このことからも 3 次元結晶に比べて 2 次元層のほうがより結合力が大きいことが確認される．1 原子層以下の蒸着量では 2 次元層だけしか凝縮していないので，高温側のピークのみが現れる．これから蒸発の活性化エネルギーがわかる．このように，ストランスキー–クラスタノフ成長においては蒸着物を昇温していき蒸発の活性化エネルギーを調べれば，2 次元層と 3 次元結晶が見分けられる．さらに最初の蒸着量を変化させ，それぞれの TDS 曲線をとると，2 次元層の形成，完成，そしてその後のストランスキー–クラスタノフ成長への移行を捉えることができ，2 次元吸着層の飽和吸着量が求まり，表面化学組成がわかる．

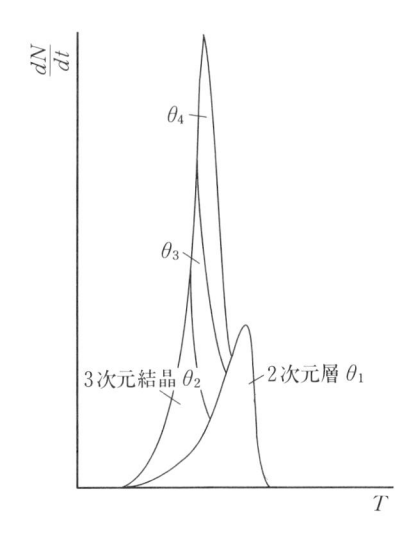

図 9-10 Si(111)面上の Ag の熱脱離曲線．θ は膜厚増加の曲線に対応している（Le Lay らによる）[10]．

9.3 エピタキシャル方位関係

基板表面上に物質を蒸着すると，フォルマー-ウェーバー成長様式では3次元核形成が起こり，フランク-ファンデルメルヴェ成長あるいはストランスキー-クラスタノフ成長様式では最初に2次元層の核形成が起こる．それは不均質核形成であり，第4章ですでに議論した．3次元結晶では例として結晶の平衡形が立方体の形態をとると仮定すると，前述のようにそのときのΔGは(3-18)式で表される．臨界核の形成エネルギーΔG^*は

$$\Delta G^* = \frac{16v^2 \sigma_A^2 \Delta\sigma}{\Delta\mu^2} = \frac{16v^2 \sigma_A^2 (\sigma_A + \sigma_{AB} - \sigma_B)}{\Delta\mu^2} \quad (9\text{-}4)$$

と表される．核形成速度Jは

$$J \propto \exp\left(-\frac{\Delta G^*}{kT}\right) \quad (9\text{-}5)$$

であるからΔG^*が最も小さいときJは大きくなり，核形成が実現される．ΔG^*が大きいときにはJは非常に小さくなり，核形成は実現しない．基板および蒸着物の表面エネルギーσ_A，σ_Bが固定されている場合には，界面エネルギーσ_{AB}が極小をとるときΔG^*が小さくなり，その結果エピタキシャル方位を与え，その方位をもった結晶粒子が成長する．

2次元層の成長においても同様に，気相から凝結する場合ギブスの自由エネルギーの変化量ΔGは次式となる．ただし2次元核の側面の表面エネルギーもσ_Aとおいた．

$$\Delta G = -\frac{\pi r^2}{a^2}\Delta\mu + 2\pi r a \sigma_A + (\sigma_A - \sigma_B + \sigma_{AB})\pi r^2 \quad (9\text{-}6)$$

第3項は表面，界面のエネルギー変化分である．このときの臨界核半径r^*を求めると

$$r^* = \frac{a\sigma_A}{\Delta\mu/a^2 - \sigma_A + \sigma_B - \sigma_{AB}} \quad (9\text{-}7)$$

が得られる．σ_{AB}が小さくなるとr^*が小さくなり，その結果ΔG^*が小さくなる．つまり，界面エネルギーσ_{AB}が極小値をもつ条件が2次元層のエピタ

9.3 エピタキシャル方位関係

キシャル方位を与える．

σ_{AB} は定義式より

$$\sigma_{AB} = \sigma_A + \sigma_B - \gamma \tag{9-8}$$

であるから，AとBの面が決まっている場合には接着エネルギー γ が最大のときに σ_{AB} が極小値をとる．γ が最大となるAB間の回転角が決まり，AとBの方位関係が決まる．

　成長する界面においては，その原子の結合力が最大になるようにして原子が配列され1原子層が成長する．例えば，気相成長している結晶においては，その成長面では何かの特別のことがなければ転位は発生しないし，結晶境界などもできず，完全結晶として成長する．これが最も原子間の結合が大きく安定なのである．fcc(111)面では図2-3のようにABCABC…の順序で1原子層ごと積み重なって成長する．ABCABC…でCの面で終わっているとすると，次にA層の原子配列をとれば，結合力が大きくなる．代わりにBの位置に原子がくればABCBとなって積層欠陥が生じ，結合力が減少する．積層欠陥，双晶，転位などの欠陥が形成されると，結合力は減少し，ポテンシャルエネルギーはその分だけ増加する．結晶成長における個々の原子がとる配列は常に結合力最大な方向に向かっているのである．異相界面においても同様である．基板の原子に対して，1原子層の異種原子層が重なる場合も，その結合力が最大になるように配列する．その結果最も安定な界面を作り出す．これが基板上の蒸着物の結晶面と，結晶方位を決めている．

　一般に基板に対して凝結物は最稠密面をとって凝縮を起こす．例えば，fcc金属が基板に対して凝結するときには稠密面の(111)面や(100)面が現れやすい．その界面で結合力が最大になると考えられる．高指数面の表面はステップとテラスで形成されている．その面が基板と平行に成長すると，基板の原子と蒸着物原子との原子間距離が大きくなる．原子間ポテンシャルは距離が大きくなると急速に減衰する．したがって安定した界面になり得ず，このような面は現れない．基板がガラスのような非晶質の場合も，fcc金属を蒸着すると(111)面が現れやすい．ガラスでは表面の異方性がないので，凝結物は[111]軸をもったドメインから成り，面内に回転した繊維構造に発達

する.

　エピタキシャル方位関係はそれぞれの基板と蒸着物の物質によってさまざまな面指数, 方位をとるが, ここでは1つの例として fcc(111)/bcc(110) 界面の界面エネルギー計算について述べ, エピタキシャル方位関係が起こる原因を探ってみる.

　いま, A, B の両面が定まっているとする. この場合 σ_A と σ_B が一定であり, γ だけが未知である. 接着エネルギー γ は AB 界面における単位面積当たりの結合エネルギーを表しているから, 面内回転角 θ に対して変化する. γ は A 結晶の原子と B 結晶の原子との相互作用を全表面原子について総計したものから求まる. ここでは単純化して, 相互ポテンシャルを $\varphi(r)$ として2次元の sin 関数を選ぶ. これは金属では複雑な相互作用ポテンシャルを用いるよりも先の見通しをよくするためにしばしば使われる方法である. ポテンシャルの形は fcc の (111) 面の単原子層の原子配列をもとにした6回対称をしている. そのポテンシャルの等高線を図9-11 に示した. ABCD が fcc の原子位置を示している. fcc の (111) 面の上に bcc の (110) 面を重ねるとき, fcc 原子の真上の位置 A ではポテンシャルエネルギーが最も高く, 隣接する3原子 ABC の中心位置 P では最も低い*. A および P の近くでは, それぞれ

$$\varphi(r)=\cos\left(\frac{\sqrt{3}\,\pi r}{d}\right) \quad \left(0\leq r\leq\frac{\sqrt{3}\,d}{6}\right) \tag{9-9}$$

$$\varphi(r)=-\cos\left(\frac{\sqrt{3}\,\pi r}{d}\right) \quad \left(0\leq r\leq\frac{\sqrt{3}\,d}{6}\right) \tag{9-10}$$

と表される. ここで d は fcc の原子間距離であり, r は A および P からの距離を示す. 残りの3角形の部分では $\varphi=0$ とした.

　次に bcc の (110) 面の単原子の原子層をこのポテンシャルの上に重ね, 各々の bcc 原子の感じるエネルギーを計算する. 各原子についてポテンシ

＊　金属ではしばしば剛体球モデルが使われる. そこでは原子は原子半径で定まる一定の大きさの球が接触しており, 3原子が作る窪みの位置が安定な位置となる.

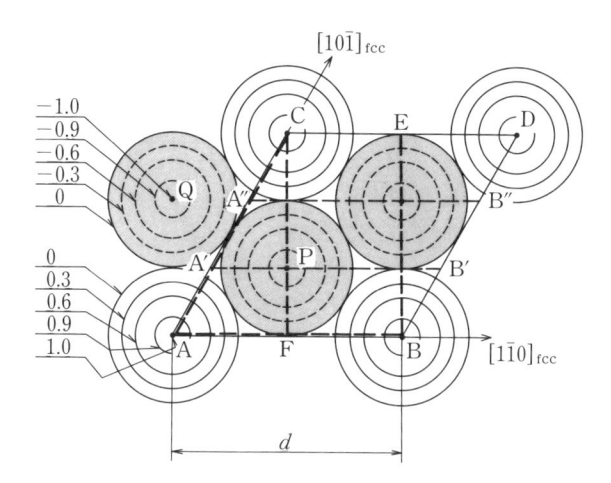

図 9-11 fcc(111)面の等ポテンシャル曲線（後藤，新井による）[11]．ABCD は 2 次元単位胞を示している．

ャルの深さを総計したものが結合エネルギーであり，接着エネルギー $\gamma = -\sum_i \varphi(r)$ を与える．ただし，ポテンシャルは深さを増すにしたがって負の方向にとってあるので，$\sum$ の記号の前にマイナスをつけてある．σ_A と σ_B は一定であるから，前式から接着エネルギー γ が最大のときに界面エネルギー σ_{AB} は最小となる．これがエピタキシャル方位関係を与える．

ここで，いままで述べてきた理論的に求められる優先方位関係と実験とを比較するために実験例を述べる．fcc 結晶の(111)面と bcc 結晶の(110)面の界面においては，2 種類のエピタキシャル方位関係がみつかっている．1 つは，$[1\bar{1}0]_{fcc} // [001]_{bcc}$ の方位関係をもつニシヤマ-ワッサーマン (Nishiyama-Wassermann) 関係（N-W 関係）であり，他の 1 つは，$[1\bar{1}0]_{fcc} // [1\bar{1}1]_{bcc}$ の関係のクルジュモフ-ザックス (Kurdjumov-Sachs) 関係（K-S 関係）である．例えば，fcc の Ag(111)面に bcc の Fe を蒸着すると，N-W 関係をもったエピタキシーが起こる．bcc の Mo(110)面に fcc の Ag を蒸着すると K-S 関係が現れる．界面における原子配列は，図 9-12 のようにな

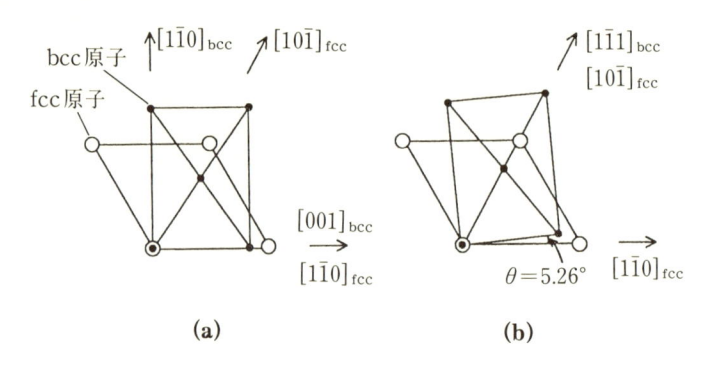

図 9-12 bcc(110)/fcc(111)界面における原子配列．（a）N-W 関係，（b）K-S 関係．

る．N-W 関係と K-S 関係では互いの原子面は 5.26° 相対的に回転している．$[1\bar{1}0]_{fcc} /\!/ [001]_{bcc}$ の N-W 関係をとったときの回転角 θ を 0° とすると，K-S 関係では $\theta = 5.26°$ となる．

上の計算において界面エネルギー σ_{AB} は原点の位置 r_0，bcc 原子と fcc 原子の直径比 α ($= d_{bcc}/d_{fcc}$)，bcc 原子の数 n，bcc 原子の回転角 θ の関数となる．なお，fcc および bcc の構造は変らないと仮定する．

n を 3000 個，原点を P の位置として Ag/Fe 界面の σ_{AB} を θ に対して求めると図 9-13 のようになる．$\theta = 0°$ において σ_{AB} が最小の値をとり，実験で求められた N-W 関係とよく一致している．また，Ag/Mo 界面では図 9-14 に示されるように $\theta = 3.7°$ と 7.5° の間でエネルギーの極小が現れており，これは K-S 関係を予想させ，実験結果とも一致している．

次に，N-W 関係あるいは K-S 関係がいかなる組み合わせで優先的に起こるのかを調べるために，$\theta = 0°$ あるいは 5.26° と固定し，bcc と fcc の原子直径比 α を変化させ，σ_{AB} の変化を調べる．図 9-15 に N-W 関係 ($\theta = 0°$) および K-S 関係 ($\theta = 5.26°$) における σ_{AB} を示した．N-W 関係では，$\alpha = 0.866$ および 1.06 においてエネルギー極小が現れ，この付近の bcc/fcc の組み合わせにおいて N-W 関係が起こることが予想される．同様に K-S 関係は $\alpha = 0.919$ 付近において現れることが予想される．

9.3 エピタキシャル方位関係

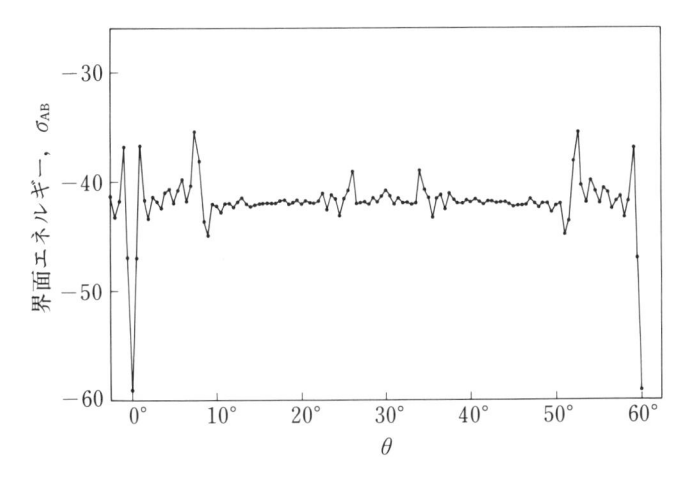

図 9-13 Ag/Fe 界面の界面エネルギー計算（後藤，新井による）[11].

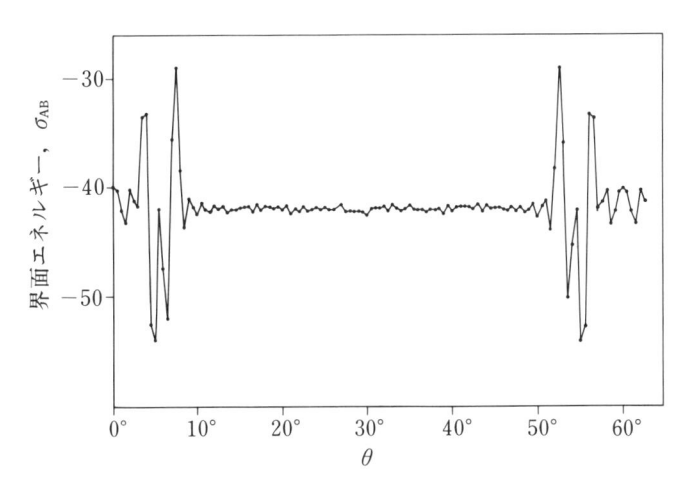

図 9-14 Ag/Mo 界面の界面エネルギー計算（後藤，新井による）[11].

これらのエネルギー曲線は，1つのエネルギー極小のピークを中心にしてその前後で振動している．bcc 原子の原点の位置をずらして計算すると各極小点と極大点は入れ替わる．このことを考慮するとエネルギー極小の各点を

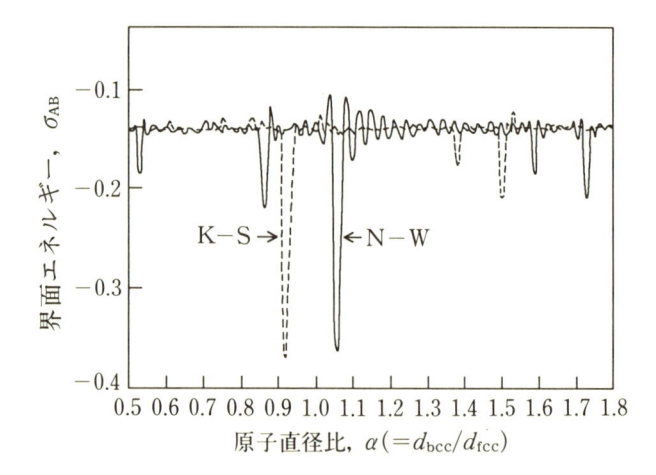

図 9-15 原子直径比 α の変化に対する fcc/bcc 界面の界面エネルギーの変化（後藤による）．

結んだ包絡線が実際に意味をもっている．2種類のエネルギー曲線の包絡線を比較すれば，いずれの方の方位関係が界面エネルギーが低くなるのか判定できる．N-W 関係は，$0.83<\alpha<0.88$ および $1.02<\alpha<1.19$ の2つの領域で現れる．K-S 関係は $0.88<\alpha<1.02$ の領域で現れる．このようにして求めた優先方位関係を図 9-16 に示した．縦の列に fcc の原子直径の小さいものから順に並べ，bcc は横の列に小さいものから並べた．各組み合わせの数字は α の値である．N-W と K-S の予想領域を斜線と網掛けで示した．それ以外は予想できない組み合わせである．実験で N-W 関係か K-S の方位関係がみつけられているものは † と * の印で書き入れた．この図から界面エネルギー計算から予想される方位関係と実験で求められたエピタキシャル方位関係がよく一致していることがわかる．

なぜ α が特定な値をとるとき N-W 関係や K-S 関係が安定に存在するのかを考察する．この原因は bcc と fcc 原子との間の整合性に関係がある．1つの例として N-W 関係の $\alpha=1.06$ の場合における原子配列を図 9-17 に示す．bcc 原子と fcc 原子を原点 O で一致させた．この図からわかるように，

9.3 エピタキシャル方位関係

bcc\fcc	Fe	Cr	V	Mo	W	Nb	Ta	Li	Na	Eu	Ba	K
Ni	0.*† 996	1. 002	1. 051	1. 094	1.*† 100	1. 147	1. 149	1. 220	1. 491	1. 601	1. 746	1. 824
Co	990	996	045	087	093	140	143	212	482	591	736	813
Cu	*† 971	977	025	066	† 072	118	120	189	454	560	702	778
Rh	923	929	974	013	019	063	065	130	382	483	618	690
Ir	914	920	965	* 004	010	053	055	119	369	469	603	674
Pd	902	908	932	991	*† 996	039	041	105	351	450	582	652
Pt	895	900	944	982	988	030	032	095	340	438	569	638
Al	866	872	913	960	957	998	000	* 061	297	393	519	586
Au	† 861	866	908	943	951	991	993	054	289	383	509	576
Ag	† 859	864	906	943	× 949	989	991	052	286	381	506	573
Pb	709	713	748	778	† 783	816	818	868	061	139	243	298
Th	690	694	728	758	762	795	797	845	034	109	210	264
Ce	680	684	718	747	751	783	785	833	018	093	192	245
Yb	640	644	675	703	707	737	738	783	958	028	122	171
Ca	628	632	663	690	694	723	725	769	940	010	101	150
Sr	577	580	609	633	637	663	666	706	864	927	011	056

▨ N–W 方位関係　　†すでに観察された N–W 関係
▨ K–S 方位関係　　*すでに観察された K–S 関係

図 9-16 界面エネルギーから予想される fcc/bcc 界面のエピタキシャル方位関係（後藤，上羽による）[12]．

fcc の[1$\bar{1}$0]方位の原子列と bcc の [001] の原子列がいずれも重なっている．つまり，両者の原子列の間隔が一致している．いま bcc 原子の原点を O から P，あるいは Q に移せば，図9-11 のポテンシャルマップでは bcc 原子は A′B′ あるいは A″B″ 上に乗り，この列に乗る原子列は常に低いポテンシャルを感じることになる．他の原子列についてもまったく同様であるから，結果として界面エネルギーが低くなる．しかしながら，bcc と fcc で原

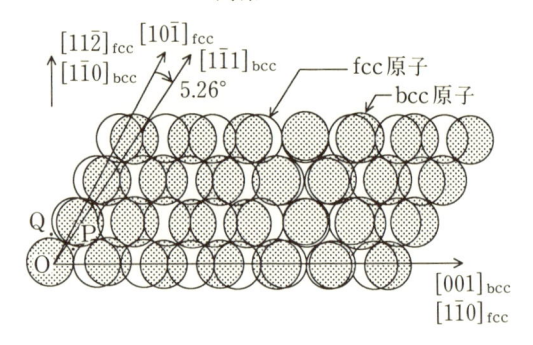

図 9-17 $a=1.06$ における N-W 関係の界面原子配列(後藤,上羽による)[12].

子列の間隔が異なると,すべての bcc 原子の感じるポテンシャルはポテンシャルマップ全体の平均値となり A′B′ 直線のエネルギーより高くなる.ここではポテンシャルが sin 関数のものをとったが,金属結晶で一般に用いられているモースポテンシャルなどを使っても同じ結果が得られる.

 N-W や K-S 方位関係で特定な a をとったとき界面エネルギーが低くなるのは,bcc と fcc の界面において特殊な幾何学的関係が成立しており,ポテンシャルの落ち込み深さが深くなっているからである.特殊な幾何学的配列というのは,基板結晶表面上の原子配列と蒸着物の原子配列が接触界面において,(1)原子列の間隔が一致する,(2)あるいはその整数比になっている,(3)異種金属どうしの1つの方向原子の間隔が一致している.この3つのいずれかである.このような状況ではエピタキシャル優先方位関係が生じる.ここでは fcc/bcc 界面におけるエピタキシャル方位関係を界面エネルギーから説明したが,他の物質の組み合わせでも同じようなことが起っていると考えられる.

9.4 エピタキシャル成長に対する表面汚染，温度の影響

　いままで述べてきたことは，蒸着原子が表面上で十分拡散することができ，さらに表面が汚染されていない理想的な清浄表面上での話である．基板表面の温度が低いと，一般に良好なエピタキシャル成長が起こらない．蒸着原子は低温では表面拡散を十分にすることができず，最初の到達点付近に留まる．その近くで隣接する原子と結合を結び凝縮する．したがって，安定な界面を形成しない．基板の温度を適当な温度に保ち，蒸着原子が表面拡散を行うことができれば，安定な界面を作りエピタキシャル方位関係が現れる．しかし空気中にさらされた金属表面では酸化や吸着のため表面エネルギーが低下し不活性となっている．したがって，汚染された表面に蒸着を行っても理想的なエピタキシャル成長は現れない．このようなわけから超高真空中で清浄表面を作り，その上に良質なエピタキシャル膜を作ることが望まれている．

第10章 格子欠陥

10.1 点欠陥

　成長させた結晶の中には種々の格子欠陥が存在する．原子を理想的に積み重ねた構造の中にその原子が正規の位置に存在しないことがある．それを格子欠陥といい，いくつかの種類がある．点欠陥として空孔や格子間原子がある．線欠陥として転位があり，面欠陥として積層欠陥，双晶，亜境界，結晶境界が挙げられる．結晶表面も格子欠陥の一種である．以下にこれらがどのようなものかを説明し，そしてそれらの形成過程について議論する．

　結晶は原子が規則正しく配列してできている．単純立方格子では立方体のコーナーに原子が1個ずつ配列している．2次元で表すと図10-1のように

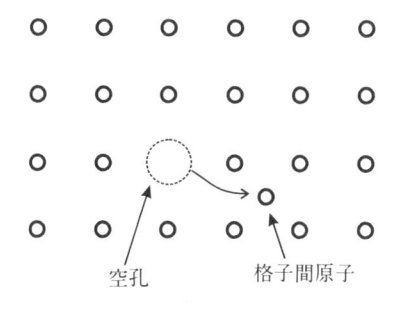

図10-1　2次元格子中の空孔および格子間原子．

なる．その原子配列の中で原子が入るべき位置に入らないで空になっている場所がある．これを空格子点あるいは原子空孔，単に空孔と呼んでいる．また，正規の原子位置からはずれて原子の隙間に入る格子間原子がある．空孔を形成する際に原子が正規位置からはじき出され，その近くに格子間原子が存在するときには両者を合わせてフレンケル欠陥と呼ぶ．空孔が2個集まってできたものを2原子空孔という．さらに多数の空孔が集合したものをボイドといい，小さな穴を作る．空孔や格子間原子は形成エネルギーが小さいため，熱力学平衡状態で存在する．結晶の温度が T とすると，その温度における原子の熱的なゆらぎにより，確率的に少数の空孔が形成される．いま n 個の原子空孔が形成されたとすると，このときの自由エネルギー変化 ΔG は，

$$\Delta G = \Delta U - T\Delta S \tag{10-1}$$

であり，内部エネルギー ΔU は $\Delta U = nE_\mathrm{f}$ だけ系のエネルギーを上昇させる．E_f は1個の空孔を作るときのエネルギーを表す．ΔS はエントロピーであり，

$$\Delta S = k \ln W \tag{10-2}$$

で表される．ここで k はボルツマン定数であり，W は全体で N 個ある原子中に n 個の空孔を作る組み合わせの数であり，次式で与えられる．

$$W = \frac{N!}{(N-n)!n!} \tag{10-3}$$

ここでスターリングの公式

$$\ln N! \approx N \ln N - N$$

を用いると，

$$\ln W = N \ln N - (N-n) \ln (N-n) - n \ln n \tag{10-4}$$

となる．ΔG は

$$\Delta G = nE_\mathrm{f} - kT[N \ln N - (N-n) \ln (N-n) - n \ln n] \tag{10-5}$$

となり，ΔG が最小になる条件は

$$\frac{d\Delta G}{dn} = E_\mathrm{f} - kT[\ln (N-n) - \ln n] = 0 \tag{10-6}$$

10.1 点欠陥

となる．これより，

$$\frac{n}{N-n} = \exp\left(-\frac{E_\mathrm{f}}{kT}\right) \tag{10-7}$$

が得られる．$n/(N-n)$ は近似的に n/N であり，これは空孔の濃度 C に等しい．したがって，

$$C = \frac{n}{N} \approx \exp\left(-\frac{E_\mathrm{f}}{kT}\right) \tag{10-8}$$

と導かれる．

　(10-8)式において，空孔の形成エネルギー E_f は，物質によって定まった値をとる．T が大きくなれば，急激に空孔の濃度は大きくなる．単純立方格子中に空孔を形成するとき，空孔の形成エネルギーは内部の1個の原子を結晶表面のキンク位置に移動させるときのエネルギー差で表される．6本のボンドを切り，キンク位置で3本のボンドが回復する．したがって，1原子当たり3本のボンドを切るのに必要なエネルギーが空孔の形成エネルギーとなる．ただし，空孔ができるとまわりの原子がわずかにそこに落ち込み原子変位が生じるので，それに伴うエネルギー変化が生じ，これも形成エネルギーに加わる．

　空孔濃度の温度依存性は多くの実験で証明されている．空孔が存在すると，金属においては正規の場所に原子がないので，そこで自由電子が散乱され電気抵抗が増加する．それを利用して空孔濃度を測定することができる．絶対温度の逆数 $1/T$ に対する空孔濃度の関係を図10-2に示した．T が高くなるほど空孔濃度 C が増大するのがわかる．この直線の勾配から空孔の形成エネルギー E_f を求めることができる．形成エネルギーは各物質によって異なるので，同じ温度でも物質により空孔濃度が異なる．

　結晶成長させるときには一般に高温で行う．そして室温まで冷却した場合，高温で熱平衡で存在していた空孔はその間に減少しなければならない．空孔が表面に抜けたり結晶境界に吸収されたりすれば他の格子欠陥を作ることはない．しかし，空孔がそのような場所に至る前に転位に吸収されたり，空孔が集まって転位ループを形成したり，積層欠陥4面体やボイドなどを形

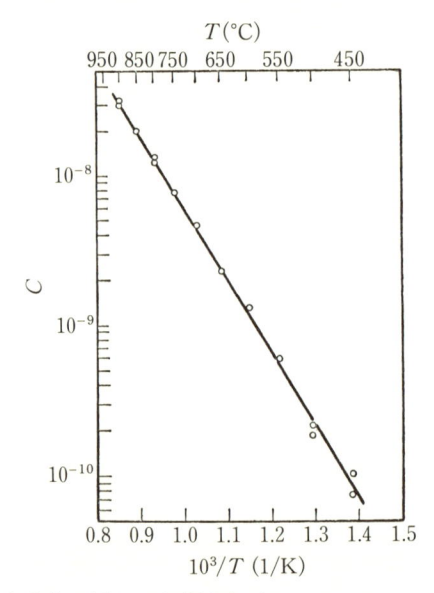

図 10-2 温度変化に対する空孔濃度（Bauerle-Koehler による）[4].

成したりすることがある．いずれも微小欠陥であるが，単結晶試料として用いる場合にはそれらが種々の問題を生じさせる．そのような欠陥をできるだけ減少させ，なくしていくことが重要である．

　空孔が移動するには空孔の隣にある原子が移動すればよい．原子が隣接原子位置に移動するためには，途中不安定位置を通らざるを得ない．この状態では原子は正常の位置にはないので，高いエネルギー状態となる．空孔の移動エネルギーを U_D とすると，原子が移動するためにはそのエネルギー障壁を超えなければならず，空孔が移動する頻度は $\exp(-U_D/kT)$ に比例する．この空孔の移動エネルギー U_D は形成エネルギー E_f に比べて小さい．高温で結晶が成長する場合，空孔はその温度でかなりの距離を移動できる．

　格子間原子についても空孔と同じようなことがいえる．しかし，格子間原子の場合にはその原子のまわりの格子を大きく歪ませるので，その形成エネルギーは大きくなる．したがって，形成頻度は小さく，その数は少なくなる．

10.2 転　　位

(1) 転位の応力場

　転位は，結晶中に存在する線欠陥である．1原子間隔の食い違いが原子列上に存在するもので，そのまわりに歪を伴っている．転位には，刃状転位とらせん転位の2種類がある．

　刃状転位は，図10-3に示されるように1枚の原子面を格子面の中に割り込ませて，途中まで挿入したような構造をもつ．転位線はその半原子面の終端ABに形成される．転位線に沿って平行にみると，転位線より上部のほ

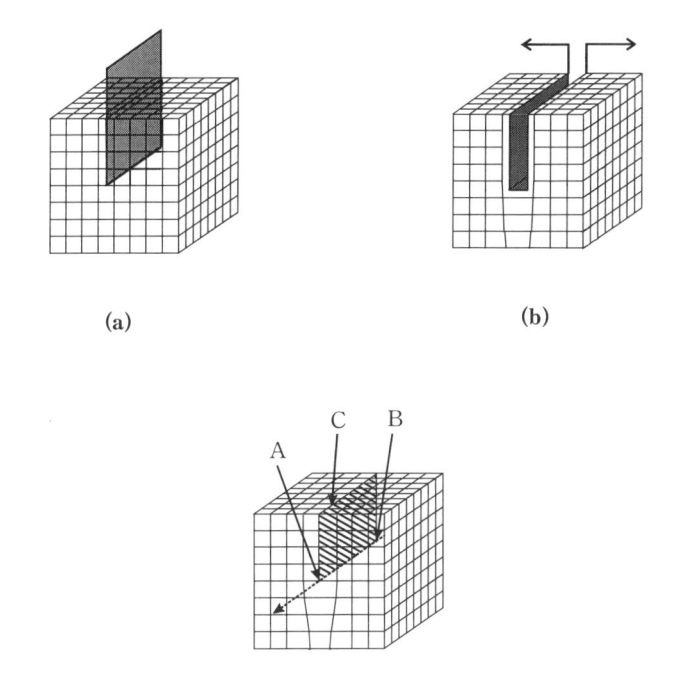

図 **10-3**　刃状転位の作り方．結晶格子面に切り込みを入れ(a)，それを拡げて(b)，半格子面Cを入れ込む．ABが転位線である．

うでは原子間隔が縮んでおり，下部のほうでは逆に引き延ばされている．転位の遠方ではその歪は緩和されている．図 10-4 のように転位線のまわりで A 点を出発点として，例えば，右に 4 原子，そして等距離に上方，左，下方にたどれば B 点にくる．転位を含まない完全結晶に同様の操作をすると，B 点は A 点に一致する．AB のずれをバーガースベクトル b という．刃状転位では b は転位線に垂直である．このような回路をバーガース回路というが，なるべく大きな回路をとった方がよい．なぜなら小さい回路をとると，A-B の距離が転位によって歪を受けるため，正規の原子間隔から変化しているからである．刃状転位はそこで原子列が終了しているという意味で ⊥ の記号が用いられる．逆に ⊤ の記号は反対符号のバーガースベクトルの転位を表している．

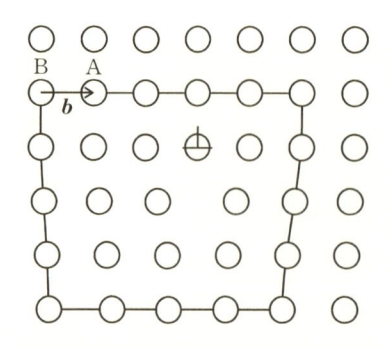

図 10-4 刃状転位のバーガース回路．

このような転位線が紙面を貫通して z 軸の上にあるとすると，x, y の座標で決まる点において歪が存在する．原子位置の変位は転位線を中心として，x, y が大きくなれば次第に減少する．原子位置の変位は隣の原子位置の変位も伴っており，全体として格子面が湾曲している．中心から遠く離れると，格子面は変形を受けない．

いま立方体の形をもつ固体が弾性体でできていると仮定する．x, y, z 軸を図 10-5 のようにとる．x 軸に垂直な面（yz 面）を x 面と呼ぶと，x 面とそれに平行な次の x 面との間に，x 方向に力が働くと，弾性体は x 方向

10.2 転位

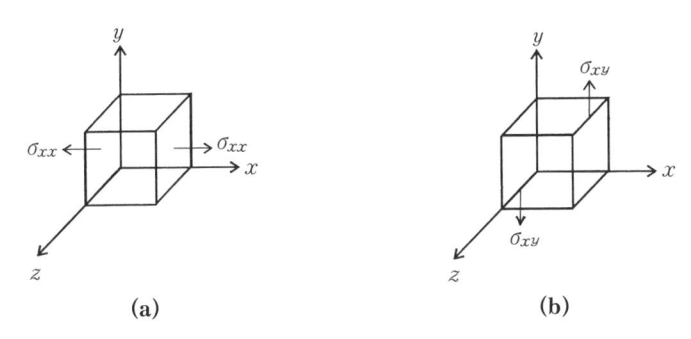

図 10-5 応力成分の説明．（a）引張り応力，（b）せん断応力．

に伸びて変形する．その応力の成分を図 10-5(a) のように σ_{xx} で表す．最初のサフィックス x は x 軸に垂直な面を表し，次の x は力の方向を表す．このような歪を引張り歪といい，その応力を引張り応力という．σ_{yy}，σ_{zz} も同様となる．図 10-5(b) のように x 面を y 方向に上下でずらすと，その応力の成分は σ_{xy} と表される．最初のサフィックスは x 面を表し，次の y は y 方向に力をかけるという意味をもつ．このようなずれの歪をせん断歪といい，応力をせん断応力という．x 面を y 方向にずらすと σ_{xy} が発生するが，このように変形すれば必ず y 面を x 方向にずらそうとする応力 σ_{yx} が自動的に発生する．それによって全体で力の釣り合いがとれる．したがって，$\sigma_{ij} = \sigma_{ji}$ が常に成立する．このようなわけで有効な応力成分は σ_{xx}，σ_{yy}，σ_{zz}，σ_{xy}，σ_{yz}，σ_{zx} の 6 つとなる．

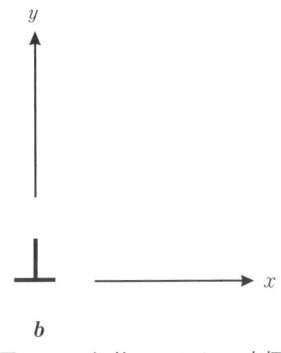

図 10-6 転位のまわりの座標．

刃状転位の転位線が図 10-6 に示されるように z 軸に沿っているとすると，転位のまわりの応力は弾性論の計算によれば次のようになる．

$$\sigma_{xx}=-\frac{\mu b}{2\pi(1-\nu)}\frac{y(3x^2+y^2)}{(x^2+y^2)^2}$$

$$\sigma_{yy}=\frac{\mu b}{2\pi(1-\nu)}\frac{y(x^2-y^2)}{(x^2+y^2)^2}$$

$$\sigma_{zz}=\nu(\sigma_{xx}+\sigma_{yy})=-\frac{\nu\mu b}{\pi(1-\nu)}\frac{y}{x^2+y^2}$$

$$\sigma_{xy}=\sigma_{yx}=\frac{\mu b}{2\pi(1-\nu)}\frac{x(x^2-y^2)}{(x^2+y^2)^2}$$

$$\sigma_{xz}=\sigma_{yz}=0 \tag{10-9}$$

ここで，μ は剛性率，ν はポアソン比である．ν は物質により一定であり，1/3 程度の値をもつ．b はバーガースベクトル **b** の大きさである．刃状転位で $y>0$ の領域では σ_{xx} は負となり圧縮が働いており，$y<0$ の領域では正となり引張り応力が働いている．$y=x$ の線上ではせん断応力 σ_{xy} は働かない．その線の上，下で応力が逆に働く．そのようにして，x, y の点において各応力成分がどの大きさであるかが示されている．

結晶が塑性変形をするときには，すべり面といわれる特定の結晶学的面の上ですべり変形が起こる．転位がすべり面上を動くことによって 1 原子距離 **b** だけのすべり変形が生じる．転位の移動は最近接原子間の結合手を切って，その隣の原子と結合することによる．それが繰り返されて転位が移動し結晶表面に抜け出る．転位を含まない理想結晶の変形では各原子が一斉に変位するので大きな変形応力が必要となるが，転位による塑性変形では転位近傍の局所的な原子変位が起こるだけであるから，ずっと小さな外部応力で変形が起こる．

らせん転位の構造はすでに図 7-8 に示した．完全結晶に切れ目 OAA′O′ を入れ，OA の左右で 1 原子分だけ AA′ 方向にずらし接合させる．OO′ より離れた場所では 1 原子分だけずれて整合するので，再び元の結合力に戻る．しかし OO′ の近くでは弾性的に歪み，OO′ 線上では正規の原子位置から最も乱れている．らせん転位の転位線 OO′ を中心にして，それに垂直な

10.2 転位

格子面はらせん状に回転している．OA の左の点から原子をたどってバーガース回路を作ると，OO′ に平行な b だけのずれを起こしている．これがらせん転位のバーガースベクトルである．らせん転位ではバーガースベクトルは転位線に平行である．

らせん転位が図 10-6 のように z 軸に沿って紙面に垂直に存在すれば，バーガースベクトルは z 軸に平行である．そのときのらせん転位のまわりの応力は次のようになる．

$$\sigma_{xz} = -\frac{\mu b}{2\pi}\frac{y}{x^2+y^2}$$

$$\sigma_{yz} = \frac{\mu b}{2\pi}\frac{x}{x^2+y^2} \qquad (10\text{-}10)$$

その他の成分は 0 となる．

結晶が応力を受け変形するときには，結晶内のすべり面上の転位の輪（転位ループ）が発生し，それが拡大して最終的には結晶外に抜け出る．図 10-7 でバーガースベクトルは一定である．ab および cd の部分は刃状転位で，応力に対して符号が逆向きなので互いに逆向きに移動する．bc および da の部分はらせん転位であり，転位線の垂直方向に動く．a, b, c, d の各部分では刃状転位とらせん転位の成分が混在している混合転位であり，応力に対して転位ループが拡がる方向に移動する．このようにして転位ループが結晶の外に出ると原子間距離 b だけのすべりを起こす．これが塑性変形の単位量である．

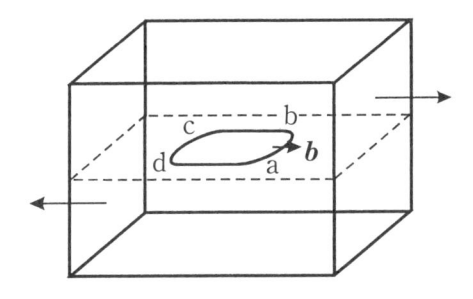

図 10-7 結晶中の転位ループの運動．

(2) 転位の上昇運動

 刃状転位のすぐ下では半原子面は終わっているので，空孔が列状に存在するのと同じような構造をもっている．空孔が新たに転位線のところにくれば，転位は1原子分だけ上に移動したことになる．これを転位の上昇運動といっている．空孔は熱平衡で存在するので，過飽和に存在する空孔があれば，転位の上昇運動によって吸収される．空孔を吸収したところだけが転位線に沿ってジグザグ状になる．空孔の移動はまわりの原子がそこへ移動することによって起こる．過飽和な空孔があると，その数を減らそうとして刃状転位に吸収され，上昇運動を起こす．高温で結晶を成長させ，それから室温に冷却する際に，空孔は表面や結晶境界に吸収されるが，それ以外にも刃状転位が吸収源となる．

 らせん転位自身は上昇運動を起こさない．なぜなら，らせん転位は構造上半原子面の挿入がないので，空孔が転位線に入りうる隙間がない．しかし，らせん転位が完全でなく，わずかに刃状転位の成分をもった混合転位である

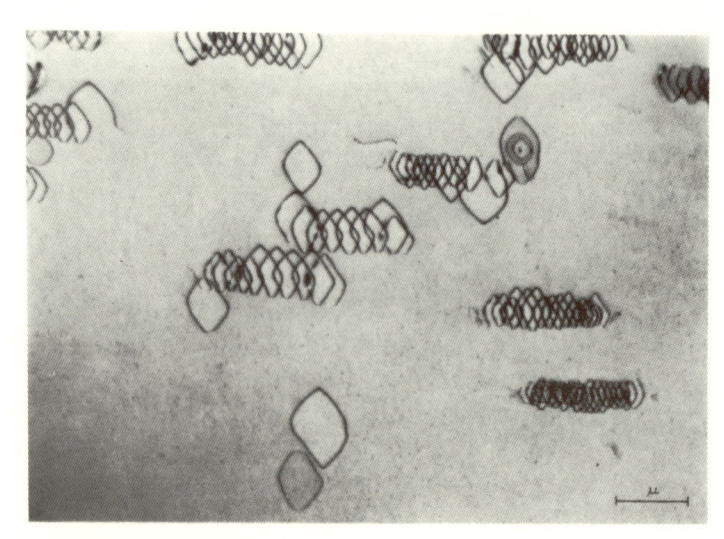

図 10-8 Al合金中のつる巻き転位（井村，橋本による）[7].

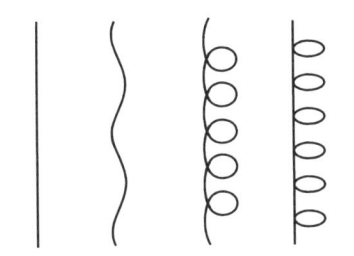

図 10-9　転位の上昇運動によるつるまき転位の形成過程．

とすれば，それは空孔を吸収することによって刃状転位の成分をますます増加させていく．

両端が固定されたらせん転位を考える．わずかに刃状成分があれば，上昇運動によって直線状からゆるやかなつる巻き状に変化する．このように変形すると転位線に刃状転位の成分を増加させているので，さらに上昇運動が促進される．その結果，その巻き方はますます密になる．その例を図10-8に示した．そしてさらに発達すると，転位ループと直線のらせん転位に分かれる．転位ループは同じ符号をもつ刃状転位なので，弾性的に反発力をもち，すべり面である円筒面に沿って打ち出される．その形成過程を図10-9に示した．このようなつる巻き転位（ヘリカル転位）や，転位ループが結晶育成後の急冷や徐冷した際に観察される．これは上昇運動によって形を変えた転位である．

（3）　転位のエネルギーおよび線張力

転位は完全結晶に切れ目を入れて b だけずらして接合させるので，そのまわりに歪をもつことになる．したがって，転位が存在すると完全結晶と比べ結合エネルギーがそれだけ減じている．転位のエネルギーはその減少分を表す．転位のまわりの歪は転位線のところが最も大きく，それから離れていくにしたがって小さくなる．転位のエネルギーは弾性論を使うことができ，その歪エネルギーを計算することができる．転位線の中心近くでは原子変位が大きく，弾性論では求められない．それを転位の芯のエネルギーといって

いる．転位の歪エネルギーと芯のエネルギーを E_0 および E_1 とすると，転位のエネルギー E は

$$E = E_0 + E_1 \tag{10-11}$$

となる．計算によれば，このエネルギー E は近似的に単位長さ当たり，

$$E \approx \mu b^2 \tag{10-12}$$

と表される．刃状転位でもらせん転位でもさほど変わらない．1原子当たりの長さではおおよそ

$$E \approx \mu b^3 \approx 10 \text{ eV}$$

となる．このエネルギーは空孔などの形成エネルギー（～1 eV）に比べるとはるかに大きく，熱的なゆらぎによって熱力学平衡状態で入り得るものではない．転位のエネルギーは b の2乗に比例するため，例えば，$2b$ のバーガースベクトルをもつ転位は2本の b のバーガースベクトルに分裂した方が安定である．そのエネルギーをそれぞれ，E_{2b}, E_b とすると，

$$E_{2b} = \mu(2b)^2 = 4\mu b^2$$
$$E_b = \mu b^2$$

であるから，$2E_b < E_{2b}$ となる．つまり，転位のバーガースベクトルは結晶構造がもつ最小の並進ベクトルである．例えば，fcc金属では $\frac{a}{2}[110]$，bcc金属では $\frac{a}{2}[111]$，ダイヤモンド構造では $\frac{a}{2}[110]$，NaCl型イオン結晶では $\frac{a}{2}[110]$ である．a は格子定数である．

また，転位は(10-12)式で表されるように，結晶中にこれだけ余分のエネルギーをもつことになるので，そのエネルギーを減じるためにそれ自体できるだけ縮まろうという性質がある．これを転位の線張力という．外力が働かないで，しかも結晶内に内部応力がない場合には，転位は直線となる．転位が円弧状の形をとるときには，転位に作用する応力と直線に戻ろうとする線張力とが釣り合っている．円弧の曲率半径が小さいほど，転位に働いている応力は大きい．これはちょうど結晶表面におけるステップと同じような意味をもつ．ステップも余分な表面エネルギーが必要なので，常に線張力が働き

10.2 転位

縮まろうとする力をもっている．

（4） 転位の増殖

結晶中に存在するすべての転位が結晶外に抜け出してもわずかな塑性変形量にしかならない．逆にいえば結晶に変形応力をかけて塑性変形させるときには，結晶の内部で転位が新しく発生しなければならない．転位の発生は1つの転位源から多数発生するので転位の増殖といわれる．図10-10に示されるような両端が固定された長さ l の転位を考える．転位はすべり面上にあり，そのバーガースベクトルはすべり面と平行である．いま変形応力がせん断応力 τ として作用すれば，転位はその応力の大きさに応じて円弧状に変形する．このとき応力により転位を拡大させる力と転位の線張力で縮まろうとする力が釣り合っている．A, B点の付近では転位の形状が変化したためらせん転位に変わっている．したがって，τ に対して転位の運動方向はA, B点の付近で左, 右の方向となる．円弧の下部においては，上部のバーガースベクトルと逆符号をもつので，転位は下方に運動していく．そして左右の円弧状に張った転位が接触して分裂する．その結果として直線状の転位と円状の転位ループが形成される．転位の曲率半径が最小のとき線張力は最大となり，それが半円に対応しているので，転位ループを形成するための臨界応力は，

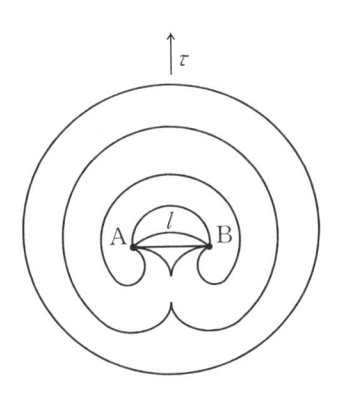

図 10-10　フランク-リード源による転位の増殖．

$$\tau = \mu b / l \tag{10-13}$$

となる．μ は剛性率である．変形応力 τ のもとではこの過程が繰り返されて，次々に転位ループが打ち出され，これが拡がり結晶外に出てすべり面の上下ですべりが起こる．n 個の転位ループが出れば $n\bm{b}$ の量のすべり変形が起こる．この転位の増殖源をフランク-リード（Frank-Read）源という．このような転位の増殖源が多数の箇所で働いて実際の巨視的な塑性変形が起こる．この転位の増殖過程は，結晶表面における正負のらせん転位が作るステップの増殖と似ている．外部応力が過飽和度に相当し，転位の線張力が結晶のステップエネルギーに対応している．このことについては，すでに p. 94 において説明した．

(5) 転位の起源

上述のように，転位のエネルギーは空孔などのそれと比べるとはるかに高く，熱的なゆらぎによって形成されない．結晶成長の際に転位が形成されるには，それだけ余分なエネルギーが入ることになるから，何らかの理由がないと発生しない．結晶成長時の転位の導入機構として次のものが考えられる．

(1) 空孔の凝集による転位ループの形成
(2) 種結晶からの遺伝
(3) 不純物の偏析による格子のミスマッチ
(4) 析出物，介在物からの結晶冷却時の転位ループの発生
(5) デンドライト成長における樹枝状結晶の会合によるミスマッチ
(6) 不純物，結晶境界，表面のステップからの転位の核形成，また，すでに存在している転位からの増殖

ここで，(1)〜(6) についての説明を以下に述べる．

(1) 空孔の凝集による転位ループの形成

結晶成長は一般に高温でなされる．高温で成長させた後に室温まで冷却す

る間に，熱平衡で多数存在していた空孔が減少しなくてはならない．また，融液からの結晶成長では，固液界面から固相側に離れるのにしたがって温度が低くなるような温度勾配がついており，温度変化に応じて空孔の濃度は減少しなければならない．過剰な空孔は結晶表面や結晶境界，転位などの欠陥にたどり着いて消滅する．しかしそれでもなお減じきれない余剰の空孔は，それ自体が集まって集合体を作る．その際，1原子の厚さをもって2次元の板状に集合する場合と，3次元的な集合体（ボイド）を作る場合がある．2次元的な集合体を作るときには，1原子間の円形の隙間ができ，上下の原子面が落ち込み，そのまわりに転位を生成する．その転位は刃状転位となり，そのバーガースベクトルは転位に垂直である．転位ループの形は円形となるが，異方性が強い結晶では転位線が最稠密方位をもち，6角形などの形をとる．各転位線がすべてすべり面上にあるときには，6角柱に沿ってすべり運動をする．この転位は柱面をすべるので，プリズマティック転位ループと呼ばれる．この転位はフランク-リード源にみられる転位ループとは異なり，ループが拡大することはない．しかし，ループの一部がすべり面上にあり，両端が固定されているときには，フランク-リード源として働く．結晶育成後急冷したときや，成長結晶に転位が存在しないか，あるいはその数が極めて少ないときにこの微小転位ループの発生が観察される．

(2) 種結晶からの遺伝

融液や溶液から結晶成長させるとき，しばしば成長する結晶と同一の種結晶を用いる．これは特定の結晶方位の単結晶を得るためにとられる方法である．この場合，種結晶の下端表面に新しい結晶が成長していく．転位が種結晶の表面に顔を出しているならば，成長結晶にその転位はそのまま導入される．なぜなら転位は結晶内で終点をもつことができないからである．転位密度が小さな完全性の高い結晶を得るためには，完全性の高い種結晶を使うか，あるいは種結晶に接続する成長結晶をできるだけ細くして，その間に既存の転位を側面に抜け出させる方法がとられている．

(3) 不純物の偏析による格子のミスマッチ

すでに述べたように,組成的過冷却が存在すると界面は不安定になり,平滑ではなくなる.偏析係数 k_0 が $k_0<1$ であれば,不純物は突起の外側に押しやられる.そして,突起の間の部分に不純物が堆積し,セル構造を作る.セルの壁の部分では不純物が偏析し,不純物濃度が高くなる.不純物は侵入型か置換型に入るが,いずれにしても地の結晶の格子に対し圧縮ないし引張りの応力が発生し,刃状転位を誘発する.

(4) 析出物,介在物からの転位ループ形成

純物質を成長させようとしても,不純物が混入したり,るつぼや気相から予期せぬ異種原子が結晶内に入ったりすることで,析出物や介在物を作ることがある.例えば Si 単結晶を融液から作るときに酸素原子の混入によって,SiO_2 の微小析出物を作ることがある.マトリックスと析出物との間で熱膨張係数が異なるため,結晶育成後の冷却時にこのような場所から歪が生じる.それを解消するために転位ループが等価な結晶学的方向に打ち出され

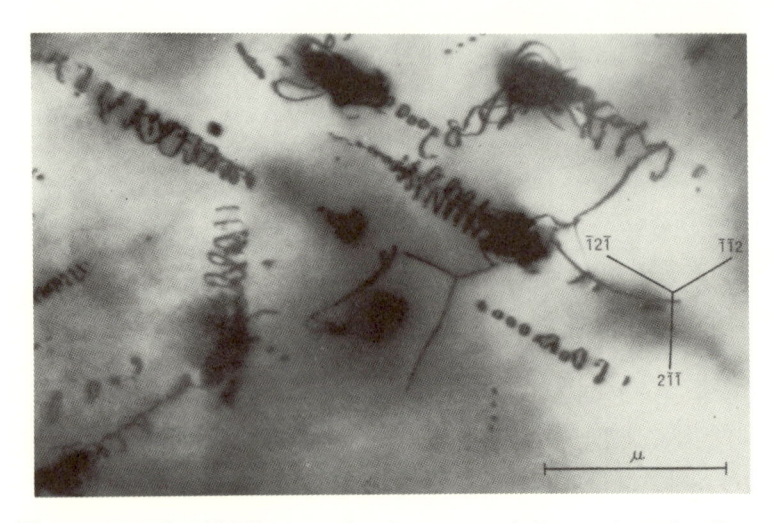

図 10-11 Ta 中の析出物からのプリズマティック転位ループの発生(竹山,高橋による)[7].

る．金属結晶の成長では介在物のほうの熱膨張係数が小さいので，格子間原子型のプリズマティック転位ループが次々に打ち出される．このような微小転位ループは図 10-11 に示されるように電子顕微鏡によって観察されている．

（5） デンドライト成長におけるミスマッチ

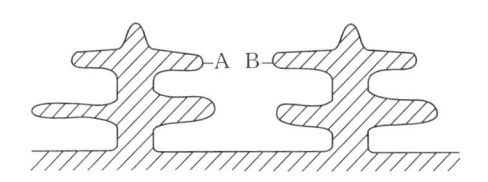

デンドライト成長では，成長界面において樹枝状の固相が発生する．気相，融液相，溶液相からの成長において過飽和度，過冷却度が高い場合に起こる．デンドライトの成長において，図 10-12 に示されるように A と B の結晶が伸びて接触・接合し，互いに何の変形も受けない場合には，その後に空間部分が結晶化しても何の欠陥も残さない．しかし気流や液流などの影響を受けて，弾性的に変形して接合したとすれば，その中の結晶化の際に変形量に応じた転位を作らねばならない．nb なる変形を紙面に平行に受ければ，b のバーガースベクトルをもつ刃状転位が n 本形成される．実際には小傾角境界を作る．紙面に垂直な方向に nb なる変形を受ければ，紙面に垂直な面でらせん転位群が生じ，ねじり境界を作る．このような転位の導入はデンドライトだけに限らない．成長の初期段階で 2 つの微結晶が接合するときにも起こる．

図 10-12 デンドライトにおける枝の接合．

（6） 転位の核形成と増殖

結晶を冷却すると，結晶表面が内部よりも早く冷却されることにより，内部に温度勾配ができる．この非線型な温度勾配が熱的な内部応力を発生させる．既存の転位はこの応力によって運動する．ある場合には，フランク-リ

ード源を中心として転位が増殖する．このような既存の転位の運動や増殖の他に，ステップ，結晶境界や不純物からの転位の核形成がある．そのような特異な場所においては，冷却時に発生する内部応力は極端に大きくなる．転位の発生は容易になり，転位ループが核形成される．

既存の転位あるいは核形成された転位は，結晶の冷却時に内部応力によるすべり運動や上昇運動によって複雑な運動をし，安定な転位配列をとるようになる．

10.3 積層欠陥

fcc結晶の(111)面をみると，原子は最稠密に並んでいる．1つの原子を中心にして，そのまわりに正6角形状に原子が並ぶ．その上の原子の並び方を考える．図2-3に示されるように下の原子配列における近接する原子の中心が窪みの位置になっており，その位置はB，Cの2種類ある．ここで，仮にB位置に原子が配置したとする．B位置は1個の原子のまわりにいずれもB位置に6角形状に窪みができ，第1原子層の原子の真上のAとCの2種類の位置がある．A位置に原子が配列すればABの積み重ねになり，それが単位として繰り返されればABABAB…の順序の積み重ねとなり，稠密六方構造となる．C位置に乗ればABCABCの積み重ねの順序となり，それがfcc結晶となる．

積層欠陥は，面心立方格子でいえばABCABC…の順序が乱れたときに生じる．例えば，(111)面の原子の積層が図10-13のようになっているとしよう．点線で示したすぐ上には本来C原子面が重なっているところであるがA面が重なっており（C→A），その上にもA面が重なるべきところにB面が重なっている（A→B）．その上の層も同様である（B→C）．点線の上部はfcc構造であり，下部でもfcc構造をとる．しかし，点線のすぐ上ではfcc構造とは異なった構造をとる．この付近だけを見ると4原子層にわたってABABの積み重ねが生じており，ここだけを取り出せばhcp構造となっている．点線の部分あるいはA面の部分を積層欠陥という．図2-3に戻っ

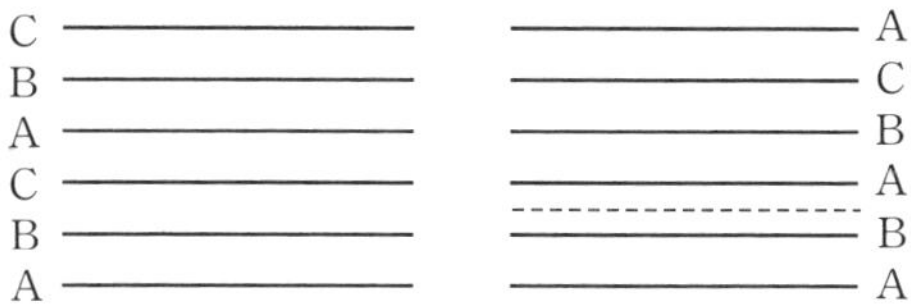

10.3 積層欠陥

```
C ─────────              ───────── A
B ─────────              ───────── C
A ─────────              ───────── B
C ─────────              - - - - - A
B ─────────              ───────── B
A ─────────              ───────── A
```

図 10-13 fcc の積層と積層欠陥の導入．点線の面で原子の積層の不整が起こり積層欠陥が導入される．

て考えると，第3層目のCの原子面を一斉にAの位置にずらすと積層欠陥が生じる．ずれのベクトルとしては $\frac{a}{6}[2\bar{1}\bar{1}]$ である．

同じようにして稠密六方構造にも積層欠陥が導入される．ABAB…の積層順序においてB層が何かの理由によりC層に変位したとすれば，その上のA層はB層となりCBCB…の順序となり，再び六方構造をとる．これにより，A層とC層の間に積層欠陥が形成される．

面心立方格子の結晶に積層欠陥が入ると，その部分において稠密六方構造となる．稠密構造をとることに変わりはないが，欠陥面上に存在する1原子に着目すると，最近接原子の位置と配置は面心立方構造をもつときと変わらない．しかし，第2近接原子やそれ以下の原子との相互作用は面心立方格子と比べると当然異なっている．この相互作用の差が積層欠陥エネルギーを生じさせている．積層欠陥エネルギーは物質によって異なり，～0.1 J/m² 程度である．この欠陥の形成される機構はいくつか考えられる．空孔の凝集によるもの，微結晶の合体によるもの，転位が部分転位に分かれてその間に発生するものなどが挙げられる．

面心立方格子金属において，すでに述べたように空孔が凝集して転位ループを作るとその中に積層欠陥が残される．例えば，図10-14のようにABCABC…の積層中のC層に空孔が集まってつぶれると，転位ループが形成される．そのときのバーガースベクトルは $\frac{a}{3}[111]$ であり，これをフランク (Frank) の転位という．ループの中では，ABABC…の順となり，C層が

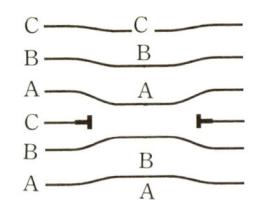

図 10-14　フランクの転位ループと積層欠陥の形成.

抜けて積層欠陥が形成される.このような積層欠陥を含む転位の電子顕微鏡写真を図 10-15 に示した.さらに,積層欠陥を解消させるためにこのループ中に $\frac{a}{6}[11\bar{2}]$ 型の転位ループが核形成し,それが拡がって $\frac{a}{3}[111]$ 型の転位ループに合体し,下の転位反応を行う.

$$\frac{a}{3}[111] + \frac{a}{6}[11\bar{2}] = \frac{a}{2}[110] \qquad (10\text{-}14)$$

この転位は完全転位であり,すべり面を運動することができる.実験的には,積層欠陥を含んだ $\frac{a}{3}[111]$ 型のフランクの転位ループも,完全転位のループも電子顕微鏡によって確認されている.

金属を急冷した試料中に積層欠陥 4 面体といわれる欠陥が観察されること

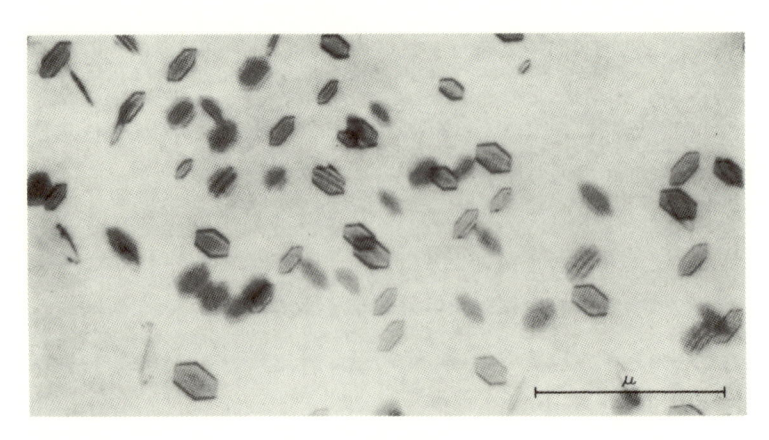

図 10-15　Al 中のフランク転位の電子顕微鏡写真(吉岡,桐谷による)[7].

10.3 積層欠陥

がある．大きさは数 10〜数 100 Å（数 nm〜数 10 nm）程度である．金属の急冷などの際に空孔の凝集のために積層欠陥が 4 面体の各表面に形成される．図 10-16 のように最初に fcc の (111) 面に上述のように空孔が凝集し積層欠陥ができる．積層欠陥のまわりにはフランク転位が存在し，転位線の方向は fcc の稠密方向である [110] 方向に向く．さらに等価な (111) 面においても同様に空孔を吸収し積層欠陥を形成する．このようにしていずれの等価な 3 つの面とも積層欠陥を作り，積層欠陥 4 面体が完成する．その陵の部分に転位が残される．

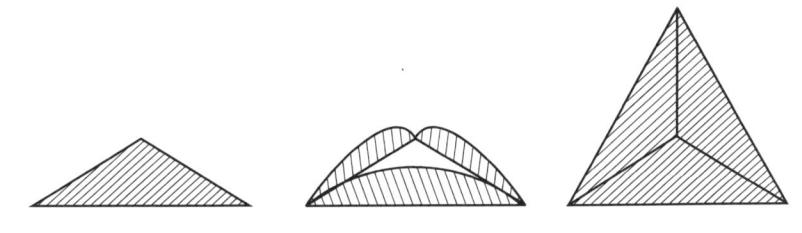

図 10-16 積層欠陥 4 面体の形成．

積層欠陥は結晶成長の初期に 2 結晶が合体するときにも発生する．2 結晶が全く同一の結晶方位をもっていても，(111) 面どうしが接合する際に，$\frac{a}{6}[11\bar{2}]$ の相対的なずれをもって接合すれば積層欠陥が発生する．基板上でのエピタキシャル薄膜成長ではしばしば観察される．積層欠陥は薄膜の膜面に対し，(111) 面のような結晶学的な面に生じ，上から下まで突き抜けている．

最後に，転位の中に積層欠陥が存在することを述べよう．fcc 金属においては，転位のバーガースベクトルが $\frac{a}{2}[110]$ である．この完全転位が図 10-17 のように 2 本の部分転位に分かれる．そしてその間に積層欠陥が存在する．完全転位のエネルギーを E_1 とし，部分転位のエネルギーを E_2 とすると

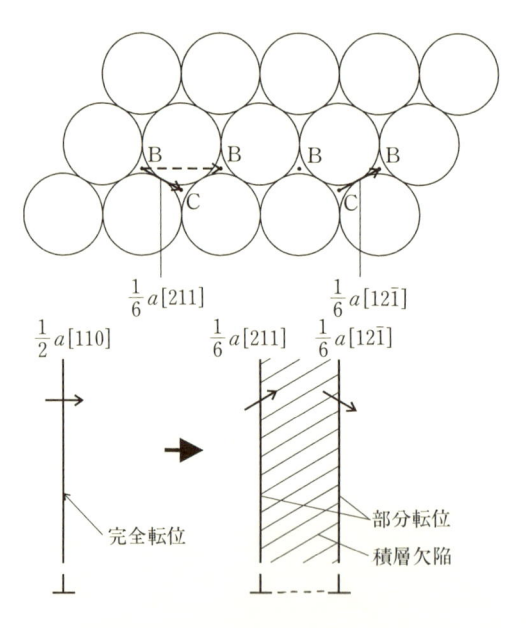

図 10-17 fcc 結晶中の転位の分裂.

$$E_1 = \mu b_1^2 = \mu \left(\frac{a}{2}[110]\right)^2 = \mu \frac{a^2}{4} \cdot 2 \qquad (10\text{-}15)$$

$$E_2 = \mu b_2^2 = \mu \left(\frac{a}{6}[211]\right)^2 = \mu \frac{a^2}{36} \cdot 6 \qquad (10\text{-}16)$$

であって，$E_1 > 2E_2$ となり，2本の部分転位に分かれたほうがエネルギーが低い．2本の転位どうしの反発力と積層欠陥が生じるためのエネルギー不利が釣り合って，積層欠陥はある一定の幅をもつ．このような転位は(111)面に拡張しているので，積層欠陥に挟まれたこの2本の部分転位を拡張転位という．fcc 以外にも，hcp や bcc 金属，ダイヤモンド構造，その他の構造にも同様の現象が起こる．この積層欠陥は結晶成長時に導入されるというものでなく，転位に特有な性質である．

10.4 双　　晶

　双晶というのは，母結晶に対して双晶関係をもった結晶のことをいっている．双晶の1つの結晶だけを取り出せば単結晶である．fcc の結晶を例にとれば，母結晶が[111]軸の方向に(111)面の原子面が ABCABC…の順序で積み重なっているとき，ある面を境にして反転して BACBAC…の順序に積み重なりを起こせば，最初の積み重なりの順序の結晶が母結晶であり，後の結晶が双晶である．ABC…の積み重なりの結晶もその逆の積み重なりの結晶も，それだけを取り出せば単結晶である．しかし，全体としては2つの結晶からなる一種の双結晶（bicrystal）であり，その方位関係が特別な場合が双晶になる．この場合，図 10-18 からわかるように，ABCAB C BACBA となり，C の原子面を境として，その前後ではちょうど鏡面の関係となっている．C 原子面を双晶境界（twin boundary）といい，その上と下では双晶関係をもつ．fcc 稠密構造の積み重なりの不正が起こっているという点では積層欠陥と類似している．いずれの場合においても稠密構造をとり，双晶面の前後，あるいは積層欠陥の前後の原子面は整合しており，歪は生じない．積層欠陥では，原子面をミクロにみると図 10-13 において部分的に A 原子面を境界にして B 面が双晶になっており，さらに B 原子面を境界にして A 面が双晶となっているので，積層欠陥エネルギーは双晶境界のエネルギーのおおよそ2倍になる．

　このような双晶ができる成因として大きく分けて2つある．1つは成長双晶（growth twin）であり，もう1つは変形双晶である．成長双晶は成長時

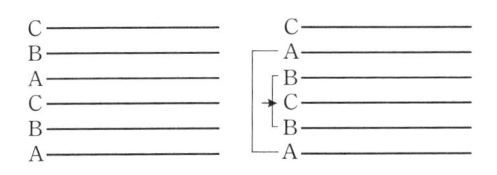

図 10-18　双晶の積層構造．

に導入される．エピタキシャル成長させた薄膜単結晶では一般的に見られる現象である．フォルマー-ウェーバー成長様式では，薄膜が成長する初期段階においては基板上において3次元核が発生し成長する．その際に基板に対してABC…の積層をもって成長するか，ACB…の積層順序で成長するかは，基板の構造に関係しエネルギー的に低い方のいずれかの順序となる．

基板に対して蒸着物が正規なエピタキシーを起こして結晶粒子となったとき，{111}面が安定面として外形に出て4面体の形態をもったとしよう．双晶の関係をもつときには，これに対して逆向きの4面体となる．図10-19には4面体の上面が切り取られた形を模式的に示している．ABC…の順序の積層が起これば，3つの側面の{111}面のでかたから上からみると正規の3角形状に成長が起きる．しかし，双晶ではACBACB…の順序で逆の積層が起こり，逆3角形状となる．このように双晶の関係をもったエピタキシャル成長した結晶粒子が図9-9に示したようにしばしば観察される．基板の種類によっては両者が対等に現れることもある．連続膜に成長しても，その中に双晶がそのままとり残される場合が多い．

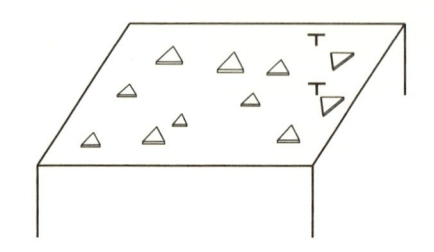

図 10-19　エピタキシャル成長粒子における双晶関係．
　　　　　Tが双晶を示している．

融液成長においても，成長結晶に双晶が観察されることがある．表面上に直線状の光沢が異なったものがみられる．これは幅をもっており，結晶学的に特定の方位をとっている．例えば，Niの中にはよくこのような双晶が観察される．融液成長のときに固液界面で成長が起こるが，この場合は，るつぼの壁から双晶が核形成されて導入される．また，天然の結晶においてもい

10.4 双　　晶

くつかの双晶面が結晶中に存在し，それによって独特の形態をもつものがある．双晶結晶の成長では，すでに述べた凹入角成長（陥入角成長）も可能である．

さらに，成長双晶以外にも，再結晶で結晶粒が成長するときに焼鈍双晶といわれる双晶が発生する．また，結晶を塑性変形させるときにすべり変形の他に特殊な場合として双晶が発生することがある．これは試料のある部分が双晶を作ることによって伸び変形に寄与するものであり，変形双晶と呼ばれている．

付録1 圧力と衝突原子数との関係

単位体積中の分子数を n とする．いま壁が yz 平面であるとすると，速度 $\boldsymbol{v}(v_x, v_y, v_z)$ で壁の単位面積 S に1秒間に衝突する分子は，S を底面とし，$\boldsymbol{v}$ を母線とする柱状部分にあるものに限られる．この柱の高さは v_x であるから，その体積は v_x である．したがってこの中に存在する分子数は nv_x に等しい．そのうち速度成分が v_x と v_x+dv_x，v_y と v_y+dv_y，v_z と v_z+dv_z の間にあるものの数は，

$$nv_x f(v_x, v_y, v_z) dv_x dv_y dv_z$$

である．これを v_y, v_z については $-\infty$ から ∞，v_x については 0 から ∞ まで積分すると壁の 1 cm² に毎秒衝突する分子数が得られる．これを J とすると

$$J = n \int_{-\infty}^{\infty} f(v_y) dv_y \int_{-\infty}^{\infty} f(v_z) dv_z \int_{0}^{\infty} v_x f(v_x) dv_x$$

ここで，$f(v)$ はマクスウェルの速度分布関数であり

$$f(v_x) = \left(\frac{m}{2kT}\right)^{1/2} \cdot \exp\left(-\frac{1}{kT}\frac{mv_x^2}{2}\right)$$

で与えられる．これを計算すると

$$J = n\sqrt{\frac{kT}{2\pi m}}$$

となり，理想気体の方程式から

$$P = nkT$$

が成り立つので

$$J = \frac{P}{\sqrt{2\pi mkT}}$$

が得られる．

付録2　冠球の体積および表面積

冠球の体積

　冠球の体積を図のように高さ dx の円盤状に分ける．高さ dx は次の関係がある．

$$dx = rd\theta \sin\theta$$

$$\begin{aligned}
V &= \int_0^x \pi (r\sin\theta)^2 dx \\
&= \int_0^\theta \pi r^2 \sin^2\theta \cdot rd\theta \sin\theta \\
&= \pi r^3 \int_0^\theta \sin^3\theta d\theta \\
&= \pi r^3 \frac{2 - 3\cos\theta + \cos^3\theta}{3} \\
&= \pi r^3 \frac{(1-\cos\theta)^2(2+\cos\theta)}{3}
\end{aligned}$$

冠球の表面積

　ある一部の帯状の面積は角度 θ のとき $2\pi r \sin\theta \cdot rd\theta$ で表される．したがって，$0°$ から θ まで積分すると接触角 θ の表面積が求まる．

$$\begin{aligned}
S &= \int_0^\theta 2\pi r \sin\theta \cdot rd\theta \\
&= 2\pi r^2 \int_0^\theta \sin\theta d\theta \\
&= 2\pi r^2 (1 - \cos\theta)
\end{aligned}$$

付表1 蒸気圧表*

元素記号	元素名	データの温度範囲 [K]	\multicolumn{14}{c}{下記の蒸気圧 [Torr] を示す温度 [K]}
			10^{-11}	10^{-10}	10^{-9}	10^{-8}	10^{-7}	10^{-6}	10^{-5}	10^{-4}	10^{-3}	10^{-2}	10^{-1}	1	10^1	10^2	10^3
Ac	アクチニウム	1873,EST	1045	1100	1160	1230	1305⊙	1390	1490	1605	1740	1905	2100	2350	2660	3030	3510
Ag	銀	958~2200	721	759	800	847	899	958	1025	1105	1195⊙	1300	1435	1605	1815	2100	2490
Al	アルミニウム	1220~1468	815	860	906⊙	958	1015	1085	1160	1245	1355	1490	1640	1830	2050	2370	2800
Am	アメリシウム	1103~1453	712	752	797	848	905	971	1050⊙	1140	1245	1375	1540	1745	2020	2400	2970
As₄	ヒ素		323	340	358	377	400	423	447	477	510	550	590	645	712	795	900
At₂	アスタチン	EST	211	231	241	252	265	280	296	316	338	364	398	434	480	540⊙	620
Au	金	1073~1847	915	964	1020	1080	1150	1220	1305⊙	1405	1525	1670	1840	2040	2320	2680	3130
B	ホウ素	1781~2413	1335	1405	1480	1555	1640	1740	1855	1980	2140	2300⊙	2520	2780	3100	3500	4000
Ba	バリウム	1333~1419	450	480	510	545	583	627	675	735	800	883⊙	984	1125	1310	1570	1930
Be	ベリリウム	1103~1552	832	878	925	980	1035	1105	1180	1270	1370	1500⊙	1650	1830	2080	2390	2810
∑Bi	ビスマス		510	540⊙	568	602	640	682	732	790	860	945	1050	1170	1350	1570	1900
∑C	炭素	1820~2700	1695	1765	1845	1930	2030	2140	2260	2410	2560	2730	2930	3170	3450	3780	4190
Ca	カルシウム	730~1546	470	495	524	555	590	630	678	732	795	870	962	1075⊙	1250	1475	1800
Cd	カドミウム	411~1040	293	310	328	347	368	392	419	450	490	538	593⊙	665	762	885	1060
Ce	セリウム	1611~2038	1050⊙	1110	1175	1245	1325	1420	1525	1650	1795	1970	2180	2440	2780	3220	3830
Co	コバルト	1363~1522	1020	1070	1130	1195	1265	1340	1430	1530	1650⊙	1790	1960	2180	2440	2790	3220
Cr	クロム	1273~1557	960	1010	1055	1110	1175	1250	1335	1430	1540	1670	1825	2010⊙	2240	2550	3000
∑Cs	セシウム	300~955	213	226	241	257	274	297⊙	322	351	387	428	482	553	643	775	980
Cu	銅	1143~1897	855	895	945	995	1060	1125	1210	1300⊙	1405	1530	1690	1890	2140	2460	2920
Dy	ジスプロシウム	1258~1773	760	801	847	898	955	1020	1090	1170	1270	1390	1535⊙	1710	1965	2300	2780
Er	エルビウム	1773,EST	779	822	869	922	981	1050	1125	1220	1325	1450	1605⊙	1800	2060	2420	2920
Eu	ユーロビウム	696~900	469	495	523	556	592	634	682	739	805	884	980⊙	1110	1260	1500	1800
Fr	フランシウム	EST.	198	210	225	242	260	280⊙	306	334	368	410	462	528	620	760	980
Fe	鉄	1356~1889	1000	1050	1105	1165	1230	1305	1400	1500	1615	1750⊙	1920	2130	2390	2740	3200
Ga	ガリウム	1179~1338	755	796	841	892	950	1015	1090	1180	1280	1405	1555	1745	1980	2300	2730
Gd	ガドリニウム	EST.	880	930	980	1035	1100	1170	1250	1350	1465⊙	1600	1760	1955	2220	2580	3100
∑Ge	ゲルマニウム	1510~1885	940	980	1030	1085	1150⊙	1220	1310	1410	1530	1670	1830	2050	2320	2680	3180
Hf	ハフニウム	2035~2277	1505	1580	1665	1760	1865	1980	2120	2270⊙	2450	2670	2930	3240	3630	4130	4780
Hg	水銀	193~575	170	180	190	201	214	229⊙	246	266	289	319	353	398	458	535	642
Ho	ホルミウム	923~2023	779	822	869	922	981	1050	1125	1220	1325	1450	1605⊙	1800	2060	2410	2910
In	インジウム	646~1348	641	677	716	761	812	870	937	1015	1110	1220	1355	1520	1740	2030	2430
Ir	イリジウム	1986~2600	1585	1665	1755	1850	1960	2080	2220	2380	2560⊙	2770	3040	3360	3750	4250	4900
K	カリウム	373~1031	247	260	276	294	315⊙	338	364	396	434	481	540	618	720	858	1070
La	ランタン	1655~2167	1100	1155⊙	1220	1295	1375	1465	1570	1695	1835	2000	2200	2450	2760	3150	3680
Li	リチウム	735~1353	430	452⊙	480	508	541	579	623	674	740	810	900	1020	1170	1370	1620
Lu	ルテチウム	EST.	1000	1060	1120	1185	1260	1345	1440	1550	1685	1845⊙	2030	2270	2550	2910	3370
Mg	マグネシウム	626~1376	388	410	432	458	487	519	555	600	650	712	782	878⊙	1000	1170	1400

∑：いろいろな会合状態を含んだ全圧力であることを示す．
⊙：融点が両側に示した温度範囲にあることを示す．
EST.：推定値
* R. E. Honig: RCA Rev., **23** (1962) 567.

付表1 (続き)

元素記号	元素名	データの温度範囲 [K]	10^{-11}	10^{-10}	10^{-9}	10^{-8}	10^{-7}	10^{-6}	10^{-5}	10^{-4}	10^{-3}	10^{-2}	10^{-1}	1	10^1	10^2	10^3
Mn	マンガン	1523~1823	660	695	734	778	827	884	948	1020	1110	1210	1335	1490⊙	1695	1970	2370
Mo	モリブデン	2070~2504	1610	1690	1770	1865	1975	2095	2230	2390	2580	2800⊙	3060	3390	3790	4300	5020
Na	ナトリウム	496~1156	294	310	328	347	370⊙	396	428	466	508	562	630	714	825	978	1175
Nb	ニオブ	2304~2596	1765	1845	1935	2035	2140	2260	2400	2550	2720⊙	2930	3170	3450	3790	4200	4710
Nd	ネオジム	1240~1600	846	895	945	1000	1070	1135	1220⊙	1320	1440	1575	1770	2000	2300	2740	3430
Ni	ニッケル	1307~1895	1040	1090	1145	1200	1270	1345	1430	1535	1655⊙	1800	1970	2180	2430	2770	3230
Os	オスミウム	2300~2800	1875	1965	2060	2170	2290	2430	2580	2760	2960	3190	3460	3800	4200	4710	5340
P_4	リン		283	297	312	327	342	361	381	402	430	458	493	534	582	642	715
Pb	鉛	1200~2028	516	546	580⊙	615	656	702	758	820	898	988	1105	1250	1435	1700	2070
Pd	パラジウム	1294~1640	945	995	1050	1115	1185	1265	1355	1465	1590	1735⊙	1920	2150	2450	2840	3380
ΣPo	ポロニウム	711~1286	332	348	365	384	408	432	460	494⊙	537	588	655	743	862	1040	1250
Pr	プラセオジム	1423~1693	900	950	1005	1070	1140⊙	1220	1315	1420	1550	1700	1890	2120	2420	2820	3370
Pt	白金	1697~2042	1335	1405	1480	1565	1655	1765	1885	2020⊙	2180	2370	2590	2860	3190	3610	4170
Pu	プルトニウム	1392~1793	931	983	1040	1105	1180	1265	1365	1480	1615	1780	1975	2230	2550	2980	3590
Ra	ラジウム	EST.	436	460	488	520	552	590	638	690	755	830	920⊙	1060	1225	1490	1840
Rb	ルビジウム		227	240	254	271	289	312⊙	336	367	402	446	500	568	665	802	1000
Re	レニウム	2494~2999	1900	1995	2100	2220	2350	2490	2660	2860	3080	3340⊙	3680	4080	4600	5220	6050
Rh	ロジウム	1709~2205	1330	1395	1470	1550	1640	1745	1855	1980	2130⊙	2310	2520	2780	3110	3520	4070
Ru	ルテニウム	2000~2500	1540	1610	1695	1780	1880	1990	2120	2260	2420	2620⊙	2860	3130	3480	3900	4450
ΣS	硫黄		230	240	252	263	276	290	310	328	353	382⊙	420	462	519	606	739
ΣSb	アンチモン	693~1110	477	498	526	552	582	618	656	698	748	806	885⊙	1030	1250	1560	1960
Sc	スカンジウム	1301~1780	881	929	983	1045	1110	1190	1280	1380	1505	1650⊙	1835	2070	2370	2780	3360
ΣSe	セレン	550~950	286	301	317	336	356	380	406	437	472⊙	516	570	636	719	826	972
ΣSi	ケイ素	1640~2054	1090	1145	1200	1265	1340	1420	1510	1610⊙	1745	1905	2090	2330	2620	2990	3490
Sm	サマリウム	789~833	542	573	608	644	688	738	790	853	926	1015	1120	1260⊙	1450	1715	2120
Sn	スズ	1424~1793	805	852	900	955	1020	1080	1170	1270	1380	1520	1685	1885	2140	2500	2690
Sr	ストロンチウム		433	458	483	514	546	582	626	677	738	810	900	1005⊙	1160	1370	1680
Ta	タンタル	2624~2948	1930	2020	2120	2230	2370	2510	2680	2860	3080⊙	3330	3630	3980	4400	4930	5580
Tb	テルビウム	EST.	900	950	1005	1070	1140	1220	1315	1420	1550⊙	1700	1890	2120	2420	2820	3370
Tc	テクネチウム	EST.	1580	1665	1750	1840	1950	2060	2200	2350	2530⊙	2760	3030	3370	3790	4300	5000
Te_2	テルル	481~1128	366	385	405	428	454	482	515	553	596	647	706⊙	791	905	1065	1300
Th	トリウム	1757~1956	1450	1525	1610	1705	1815	1935⊙	2080	2250	2440	2680	2960	3310	3750	4340	5130
Ti	チタン	1510~1822	1140	1200	1265	1335	1410	1500	1600	1715	1850⊙	2010	2210	2450	2760	3130	3640
Tl	タリウム	519~924	473	499	527	556⊙	592	632	680	736	803	882	979	1100	1255	1460	1750
Tm	ツリウム	809~1219	624	655	691	731	776	825	882	953	1030	1120	1235	1370	1540	1760⊙	2060
U	ウラニウム	1630~2071	1190	1255	1325⊙	1405	1495	1600	1720	1855	2010	2200	2430	2720	3080	3540	4180
V	バナジウム	1666~1882	1235	1295	1365	1435	1510	1605	1705	1820	1960	2120⊙	2320	2560	2850	3220	3720
W	タングステン	2518~3300	2050	2150	2270	2390	2520	2680	2840	3030	3250	3500⊙	3810	4180	4630	5200	5900
Y	イットリウム	1774~2103	1045	1100	1160	1230	1305	1390	1490	1605	1740⊙	1905	2105	2355	2670	3085	3650
Yb	イッテルビウム	EST.	436	460	488	520	552	590	638	690	755	830	920	1060⊙	1225	1490	1840
Zn	亜鉛	422~1089	336	354	374	396	421	450	482	520	565	617	681⊙	760	870	1010	1210
Zr	ジルコニウム	1949~2054	1500	1580	1665	1755	1855	1975	2110⊙	2260	2450	2670	2930	3250	3650	4160	4830

付表 2 　金属の表面エネルギーの値*

(* L. Vitos, A. V. Ruban, H. L. Skriver and J. Kollár : Surface Science, **411** (1998) 186)

付表 2-1 　1 価 sp 金属の表面エネルギー．
FCD (full charge potential) 法，FP (full potential) 法による計算値および実験値．
a は格子定数．

	構造 (a(Å))	表面	FCD (eV atom^{-1})	FCD (Jm^{-2})	FP (Jm^{-2})	実験値 (Jm^{-2})
Li	bcc (3.431)	(110) (100) (111)	0.289 0.383 0.750	0.556 0.522 0.590	0.545[1] 0.506[1] 0.623[1]	0.522[2], 0.525[3]
Na	bcc (4.197)	(110) (100) (111)	0.197 0.290 0.546	0.253 0.264 0.287		0.261[2], 0.260[3]
K	bcc (5.300)	(110) (100) (111)	0.167 0.249 0.462	0.135 0.142 0.152		0.145[2], 0.130[3]
Rb	bcc (5.714)	(110) (100) (111)	0.150 0.229 0.417	0.104 0.112 0.118		0.117[2], 0.110[3]
Cs	bcc (6.264)	(110) (100) (111)	0.142 0.228 0.390	0.082 0.093 0.092		0.095[2], 0.095[3]
Fr	bcc (6.320)	(110) (100) (111)	0.122 0.202 0.346	0.069 0.081 0.080		

[ ]の数字は文献番号

付表 2-2 2価 sp 金属の表面エネルギー.

	構造 (a(Å))	表面	FCD (eV atom^{-1})	FCD (Jm^{-2})	FP (Jm^{-2})	実験値 (Jm^{-2})
Ca	fcc	(111)	0.484	0.567		0.502[2], 0.490[3]
	(5.624)	(100)	0.535	0.542		
		(110)	0.811	0.582		
Sr	fcc	(111)	0.440	0.428		0.419[2], 0.410[3]
	(6.169)	(100)	0.484	0.408		
		(110)	0.725	0.432		
Ba	bcc	(110)	0.464	0.376		0.380[2], 0.370[3]
	(5.289)	(100)	0.616	0.353		
		(111)	1.199	0.397		
Ra	bcc	(110)	0.377	0.296		
	(5.372)	(100)	0.515	0.286		
		(111)	1.010	0.324		
Eu	bcc	(110)	0.484	0.485		0.450[3]
	(4.757)	(100)	0.653	0.463		
		(111)	1.282	0.524		
Yb	fcc	(111)	0.423	0.482		0.500[3]
	(5.697)	(100)	0.484	0.478		
		(110)	0.721	0.503		
Be	hcp	(0001)	0.495	1.834	1.924[4], 2.1[5]	1.628[2], 2.700[3]
	(2.236)	$(10\bar{1}0)_A$	1.083	2.126		
		$(10\bar{1}0)_B$	1.626	3.192		
Mg	hcp	(0001)	0.437	0.792	0.641[6]	0.785[2], 0.760[3]
	(3.196)	$(10\bar{1}0)_A$	0.814	0.782		
		$(10\bar{1}0)_B$	1.072	1.030		
Zn	hcp	(0001)	0.385	0.989		0.993[2], 0.990[3]
	(2.684, c/a=1.86)					
Cd	hcp	(0001)	0.300	0.593		0.762[2], 0.740[3]
	(3.061, c/a=1.89)					
Hg	hcp	(0001)	0.111	0.165		0.605[2], 0.575[3]
	(3.528)					

[ ]の数字は文献番号

付表 2-3 IIIb～VIb 族の sp 金属の表面エネルギー.

	構造 (a(Å))	表面	FCD (eV atom^{-1})	FCD (Jm^{-2})	FP (Jm^{-2})	実験値 (Jm^{-2})
Al	fcc (4.049)	(111) (100) (110)	0.531 0.689 0.919	1.199 1.347 1.271	0.939[7] 1.081[7] 1.090[7]	1.143[2], 1.160[3]
Ga	bct (3.108, c/a=1.58)	(001) (110) (100)	0.376 0.507 0.695	0.661 0.797 0.773		0.881[2], 1.100[3]
In	bct (3.352, c/a=1.52)	(001) (110) (100)	0.342 0.422 0.632	0.488 0.560 0.592		0.700[2], 0.675[3]
Tl	hcp (3.714)	(0001) (10$\bar{1}$0)$_A$ (10$\bar{1}$0)$_B$	0.221 0.494 0.529	0.297 0.352 0.377		0.602[2], 0.575[3]
Sn	bct (3.187, c/a=1.83)	(001) (110) (100)	0.387 0.509 0.716	0.611 0.620 0.616		0.709[2], 0.675[3]
Pb	fcc (5.113)	(111) (100) (110)	0.226 0.307 0.513	0.321 0.377 0.445	0.496[8] 0.592[8]	0.593[2], 0.600[3]
Sb	sc (3.102)	(100) (110)	0.365 0.560	0.608 0.659		0.597[2], 0.535[3]
Bi	sc (3.257)	(100) (110)	0.356 0.507	0.537 0.541		0.489[2], 0.490[3]
Po	sc (3.349)	(100) (110)	0.306 0.370	0.437 0.373		

[ ]の数字は文献番号

付表 2-4　3d 金属の表面エネルギー.

	構造 (a(Å))	表面	FCD (eV atom^{-1})	FCD (Jm^{-2})	FP (Jm^{-2})	実験値 (Jm^{-2})
Sc	hcp (3.300)	(0001)	1.080	1.834		1.275[3]
		(10$\bar{1}$0)$_A$	1.694	1.526		
		(10$\bar{1}$0)$_B$	2.011	1.812		
Ti	hcp (2.945)	(0001)	1.234	2.632	2.194[9]	1.989[2], 2.100[3]
		(10$\bar{1}$0)$_A$	2.224	2.516		
		(10$\bar{1}$0)$_B$	2.435	2.754		
V	bcc (3.021)	(110)	1.312	3.258		2.622[2], 2.550[3]
		(100)	1.725	3.028	3.18[10],[11]	
		(211)	2.402	3.443		
		(310)	2.921	3.244		
		(111)	3.494	3.541		
Cr	bcc (2.852)	(110)	1.258	3.505		2.354[2], 2.300[3]
		(100)	2.020	3.979		
		(211)	2.420	3.892		
		(310)	3.030	3.775		
		(111)	3.626	4.123		
Mn	fcc (3.529)	(111)	1.043	3.100		1.543[2], 1.600[3]
Fe	bcc (3.001)	(110)	0.978	2.430		2.417[2], 2.475[3]
		(100)	1.265	2.222		
		(211)	1.804	2.589		
		(310)	2.153	2.393		
		(111)	2.694	2.733		
Co	hcp (2.532)	(0001)	0.961	2.775		2.522[2], 2.550[3]
		(10$\bar{1}$0)$_A$	1.982	3.035		
		(10$\bar{1}$0)$_B$	2.476	3.791		
Ni	fcc (3.578)	(111)	0.695	2.011		2.380[2], 2.450[3]
		(100)	0.969	2.426		
		(110)	1.337	2.368		
Cu	fcc (3.661)	(111)	0.707	1.952	1.94[12]	1.790[2], 1.825[3]
		(100)	0.906	2.166	1.802[13]	
		(110)	1.323	2.237		

[　]の数字は文献番号

付表 2-5 4d 金属の表面エネルギー.

構造 (a(Å))	表面	FCD (eV atom^{-1})	FCD (Jm^{-2})	FP (Jm^{-2})	実験値 (Jm^{-2})
Y hcp (3.638)	(0001)	1.077	1.506		1.125[3]
	(10$\bar{1}$0)$_A$	1.676	1.243		
	(10$\bar{1}$0)$_B$	2.059	1.527		
Zr hcp (3.248)	(0001)	1.288	2.260	2.044[14], 1.729[9]	1.909[2], 2.000[3]
	(10$\bar{1}$0)$_A$	2.269	2.111		
	(10$\bar{1}$0)$_B$	2.592	2.411		
Nb bcc (3.338)	(110)	1.320	2.685	2.36[15], 2.9[16]	2.655[2], 2.700[3]
	(100)	1.987	2.858	2.86[15], 3.1[16]	
	(211)	2.410	2.829		
	(310)	3.145	2.861		
	(111)	3.668	3.045		
Mo bcc (3.173)	(110)	1.534	3.454	3.14[15]	2.907[2], 3.000[3]
	(100)	2.410	3.837	3.52[15]	
	(211)	2.738	3.600		
	(310)	3.601	3.626		
	(111)	4.068	3.740		
Tc hcp (2.767)	(0001)	1.527	3.691		3.150[3]
	(10$\bar{1}$0)$_A$	3.040	3.897		
	(10$\bar{1}$0)$_B$	3.893	4.989		
Ru hcp (2.723)	(0001)	1.574	3.928	3.0[17], 4.3[17]	3.043[2], 3.050[3]
	(10$\bar{1}$0)$_A$	3.201	4.236		
	(10$\bar{1}$0)$_B$	3.669	4.856		
Rh fcc (3.873)	(111)	1.002	2.472	2.53[15]	2.659[2], 2.700[3]
	(100)	1.310	2.799	2.81[15], 2.65[18], 2.592[19]	
	(110)	1.919	2.899	2.88[15]	
Pd fcc (3.985)	(111)	0.824	1.920	1.64[15]	2.003[2], 2.050[3]
	(100)	1.152	2.326	1.86[15], 2.3[16], 2.130[20]	
	(110)	1.559	2.225	1.97[15], 2.5[16]	
Ag fcc (4.179)	(111)	0.553	1.172	1.21[15]	1.246[2], 1.250[3]
	(100)	0.653	1.200	1.21[15], 1.3[16], 1.27[21]	
	(110)	0.953	1.238	1.26[15], 1.4[21]	

[ ]の数字は文献番号

付表 2-6 5d金属の表面エネルギー.

	構造 (a(Å))	表面	FCD (eV atom^{-1})	FCD (Jm^{-2})	FP (Jm^{-2})	実験値 (Jm^{-2})
La	hcp (3.873)	(0001) (10$\bar{1}$0)$_A$ (10$\bar{1}$0)$_B$	0.909 1.398 1.690	1.121 0.915 1.106		1.020[3]
Lu	hcp (3.566)	(0001) (10$\bar{1}$0)$_A$ (10$\bar{1}$0)$_B$	1.102 1.845 2.093	1.604 1.424 1.616		1.225[3]
Hf	hcp (3.237)	(0001) (10$\bar{1}$0)$_A$ (10$\bar{1}$0)$_B$	1.400 2.471 2.892	2.472 2.314 2.709		2.193[2], 2.150[3]
Ta	bcc (3.354)	(110) (100) (211) (310) (111)	1.531 2.174 2.799 3.485 4.201	3.084 3.097 3.256 3.139 3.455		2.902[2], 3.150[3]
W	bcc (3.196)	(110) (100) (211) (310) (111)	1.806 2.955 3.261 4.338 4.916	4.005 4.635 4.177 4.303 4.452	4.78[10],[11]	3.265[2], 3.675[3]
Re	hcp (2.797)	(0001) (10$\bar{1}$0)$_A$ (10$\bar{1}$0)$_B$	1.781 3.689 4.770	4.214 4.628 5.985		3.626[2], 3.600[3]
Os	hcp (2.752)	(0001) (10$\bar{1}$0)$_A$ (10$\bar{1}$0)$_B$	1.869 3.874 4.595	4.566 5.021 5.955		3.439[2], 3.450[3]
If	fcc (3.907)	(111) (100) (110)	1.225 1.772 2.428	2.971 3.722 3.606		3.048[2], 3.000[3]
Pt	fcc (4.019)	(111) (100) (110)	1.004 1.378 2.009	2.299 2.734 2.819	2.067[22]	2.489[2], 2.475[3]
Au	fcc (4.198)	(111) (100) (110)	0.611 0.895 1.321	1.283 1.627 1.700	1.04[23]	1.506[2], 1.500[3]

[ ]の数字は文献番号

付表 2-7 5f 金属の表面エネルギー．

	構造 (a(Å))	表面	FCD (eV atom^{-1})	FCD (Jm^{-2})	FP (Jm^{-2})	実験値 (Jm^{-2})
Ac	fcc (5.786)	(111) (100) (110)	0.786 0.764 1.006	0.868 0.732 0.681		
Th	fcc (5.188)	(111) (100) (110)	1.073 1.233 1.722	1.476 1.468 1.450		1.500[3]
Pa	bct (3.986, c/a=0.82) fcc (4.784)	(110) (100) (001) (111)	1.648 2.075 2.638 1.424	2.902 2.584 2.661 2.302		
U	fcc (4.634)	(111)	1.367	2.356		1.939[2], 1.900[3]
Np	fcc (4.580)	(111)	1.252	2.208		
Pu	fcc (4.513)	(111)	1.104	2.007		2.000[3]

[ ]の数字は文献番号

付表 2 文献

[1] K. Kokko, P. T. Salo, R. Laihia and K. Mansikka : Surf. Sci., **348** (1996) 168.
[2] W. R. Tyson and W. A. Miller : Surf. Sci., **62** (1977) 267.
[3] F. R. de Boer, R. Boom, W. C. M. Mattens, A. R. Miedema and A. K. Niessen : Cohesion in Metals, Nrth-Holland, Amsterdam, 1988.
[4] P. J. Feibelman : Phys. Rev., **B46** (1992) 2532.
[5] R. Yu and P. K. Lam : Phys. Rev., **B39** (1989) 5035.
[6] A. F. Wright, P. J. Feibelman and S. R. Atlas : Surf. Sci., **302** (1994) 215.
[7] J. Schöchlin, K. P. Bohnen and K. M. Ho : Surf. Sci., **324** (1995) 113.
[8] M. Mansfield and R. J. Needs : Phys. Rev., **B43** (1991) 8829.
[9] P. J. Feibelman : Phys. Rev., **B53** (1996) 13740.
[10] C. L. Fu, S. Ohnishi, H. J. F. Jansen and A. J. Freeman : Phys. Rev., **B31** (1985) 1168.
[11] J. C. Boettger : Phys. Rev., **B49** (1994) 16798.
[12] H. M. Polatoglou, M. Methfessel and M. Scheffler : Phys. Rev., **B48** (1993) 1877.
[13] H. Bross and M. Kauzmann : Phys. Rev., **B51** (1995) 17135.
[14] M. Yamamoto, C.T. Chan and K. M. Ho : Phys. Rev., **B50** (1994) 7932.
[15] M. Methfessel, D. Henning and M. Scheffler : Phys. Rev., **B46** (1992) 4816.
[16] M. Weinert, R. E. Watson, J. W. Davenport and G. W. Fernando : Phys. Rev., **B39** (1989) 12585.
[17] M. Y. Chou and J. R. Chelikowsky : Phys. Rev., **B35** (1987) 2124.
[18] P. J. Feibelman and D. R. Hamann : Surf. Sci., **234** (1990) 377.
[19] I. Morrison, D. M. Bylander and L. Kleinman : Phys. Rev. Lett., **71** (1993) 1083.
[20] A. Wachter, K. P. Bohnen and K. M. Ho : Surf. Sci., **346** (1996) 127.
[21] H. Erschbaumer, A. J. Preeman, C. L. Fu and R. Podloucky : Surf. Sci., **243** (1991) 317.
[22] P. J. Feibelman : Phys. Rev., **B52** (1995) 16845.
[23] N. Takeuchi, C. T. Chan and K. M. Ho : Phys. Rev., **B43** (1991) 13899.

参 考 文 献

結晶成長の全般のハンドブックとして次のものが挙げられる.
1. 結晶成長ハンドブック,日本結晶成長学会 結晶成長ハンドブック編集委員会編,共立出版(1995).
2. 結晶工学ハンドブック,結晶工学ハンドブック編集委員会編, 共立出版 (1971).
3. Handbook of Crystal Growth, North-Holland, ed. D. T. J. Hurle (1993).

薄膜・表面の関係では次のものがある.
1. 薄膜ハンドブック,日本学術振興会 薄膜第131委員会 (1983).
2. 表面物性工学ハンドブック,小間 篤,八木克道,塚田 捷,青野正和編,丸善 (1987).

第1章

1. A. A. Chernov: Modern Crystallography III Crystal Growth, Springer-Verlag (1984).
2. I. V. Markov: Crystal Growth for Beginners, World Scientific (1995).
3. R. L. Parker: Crystal Growth Mechanisms, Solid State Phys., **25** (1970) 151.
4. Swalin, 上原ら訳:固体の熱力学,コロナ社 (1963).
5. A. J. Walton: Three Phases of Matter, Oxford Science Publication (1983).

第2章

1. 幸田成康:改訂 金属物理学序論,コロナ社 (1973).
2. D. William and Callister, Jr.: Materials Science and Engineering, John Wiley & Sons (1990).
3. K. Takayanagi, Y. Tanishiro, M. Takahashi and S. Takahashi: J. Vac. Sci. Technol., **A3** (1985) 1502.
4. A. Cornet et J.-P. Deville: Physique et Ingenierie des Surfaces, EDP Sciences (1998).
5. 村田好正,八木克道,服部健雄:固体表面と界面の物性,培風館 (1999).

第3章

1. J. P. Hirth and G. M. Pound: Condensation and Evaporation, Pergamon Press (1963).
2. 後藤芳彦：日本結晶成長学会誌, **11** (1984) 147.
3. Jena and M. C. Chaturvedi: Phase Transformations in Materials, Prentice Hall (1992).

第4章

1. R. Kern, G. Le Lay and J. J. Metois: Current Topics in Materials Science, ed. E. Kaldis, North Holland (1979).
2. A. Chernov: Modern Crystallography III Crystal Growth, Springer-Verlag (1984).
3. I. V. Markov: Crystal Growth for Beginners, World Scientific (1995).

第5章

1. R. Lacmann: N. Jb. Miner. Abh., **122** (1974) 36.
2. R. Kern, G. Le Lay and J. J. Metois: Current Topics in Materials Science, ed. E. Kaldis, North Holland (1979).
3. 大川章哉：結晶成長, 裳華房 (1977).
4. 後藤芳彦：固体物理, **18** (1983) 380.
5. R. Uyeda: Crystallography of Metal Smoke Particles, Terra Science Publishing Company (1987).
3. S. Ino: J. Phys. Soc. Japan, **21** (1966) 346.
4. J. Villain and Pimpinelli: Physique de la Croissance Cristalline, Eyrolles (1985).

第6章

1. R. F. Stickland-Constable: Kinetics and Mechanism of Crystallization, Academic Press (1968).
2. 黒田登志雄：結晶は生きている, サイエンス社 (1984).
3. A. A. Chernov: Modern Crystallography III Crystal Growth, Springer-Verlag (1984).

第7章

1. T. Sakamoto, N. J. Kawai, T. Nakagawa, K. Ohta, T. Kojima and G. Hashiguchi : Surf. Sci. (1986) 651.
2. H. Yamaguchi and Y. Homma : Appl. Phys. Lett., **73** (1998) 3079.
3. W. K. Burton and N. Cabrera : Disc. Faraday Soc., **5** (1949) 33, 40.
4. A. R. Verma : Crystal Growth and Dislocations, Butterworth (1953).
5. W. Dekeyser and S. Amelinckx : Les Dislocations et la Croissance des Cristaux, Masson (1955).
6. W. K. Burton, N. Cabrara and F. C. Frank : Phil. Trans. Roy. Soc., **A243** (1951) 299.
7. 中田一郎:分子レベルで見る結晶成長, アグネ(1995).
8. 星屋　厚:東北大学大学院理学研究科 修士論文(1980).
9. P. Bennema : J. Crystal Growth (1967) 1278.
10. 里田登志雄:結晶は生きている, サイエンス社(1984).
11. W. A. Tiller : The Science of Crystallization, Cambridge University Press (1991).
12. 山本美喜雄:転位論の金属学への応用, 第2章 結晶の成長及び溶解と転位, 日本金属学会金属結晶分科会編, 丸善 (1957).

第8章

1. J. W. Cahn : Acta Met., **8** (1960) 554.
2. K. A. Jackson : Liquid Metals and Solidification, Amer. Soc. Metals (1958) 174.
3. W. C. Winegard, 大野篤美訳:金属凝固学概論, 地人書館 (1987).
4. B. Chalmers, 岡本　平, 鈴木　章訳:金属の凝固, 丸善 (1971).
5. 松平　昇:鋳造凝固, 第3章凝固機構, 日本金属学会 (1992).
6. 中江秀雄:凝固工学, アグネ (1987).
7. W. G. Pfann : Journal of Metals, **4** (1952) 747.
8. B. Billia and T. Trivedi : Handbook of Crystal Growth, Ib (1993).
9. D. Turnbull : J. Appl. Phys., **21** (1950) 1022.

第9章

1. S. Ino : J. Electron Microscopy, **18** (1969) 237.

2. R. Kern, G. Le Lay and J. J. Metois : Current Topics in Materials Science, ed. E. Kaldis, North Holland (1979).
3. R. Kaischev : Bull. Acad. Sc. Ser. Phys., **2** (1951) 191.
4. 後藤芳彦：日本結晶成長学会誌, **10** (1983) 167.
5. E. Gillet and B. Gruzza : Surf. Sci., **97** (1980) 553.
6. Y. Gotoh, A. Chauvet, M. Manneville and R. Kern : Jpn. J. Appl. Phys., **20** (1981) L 853.
7. T. Takahashi, S. Nakatani, N. Okamoto, T. Ichikawa and S. Kikuta : Jpn. J. Appl. Phys., **27** (1983) L 753.
8. Y. Gotoh and S. Ino : Jpn. J. Appl. Phys., **17** (1978) 2097.
9. Y. Gotoh, S. Ino and H. Komatsu : J. Crystal Growth, **56** (1982) 498.
10. G. Le Lay, M. Manneville and R. Kern : Surf. Sci., **72** (1978) 405.
11. Y. Gotoh and I. Arai : Jpn. J. Appl. Phys., **26** (1986) L 583.
12. Y. Gotoh and M. Uwaha : Jpn. J. Appl. Phys., **26** (1987) L 17.
13. 後藤芳彦：応用物理, **56** (1987) 1320.
14. H. Luth : Surface Science, John Wiley & Sons (1998).

第10章

1. J. Weertman and J. R. Weertman : Elementary Dislocation Theory, The Macmillan Co. New York (1964).
2. J. Friedel : International Series of Monographs on Solid State Physics, ed. R. Smoluchowski and N. Kuriti, vol. 3 Dislocations (1964).
3. A. H. Cottrell : Dislocations and Plastic Flow in Crystals, Oxford (1953).
4. 幸田成康：改訂 金属物理学序論, コロナ社 (1973).
5. 鈴木秀次：転位論入門, アグネ (1967).
6. 藤田英一：金属物理, アグネ (1996).
7. 西山善次, 幸田成康編：金属の電子顕微鏡写真と解説, 丸善 (1975).
8. E. Mooser : Intoroduction á la Physique des Solides, Presses Polytechniques et Universitaires Romandes (1993).

索　引

あ
RHEED 振動 …………………………… 82
アインシュタインの関係式 …………… 74
圧力 ……………………………………… 3
アモルファス ………………………… 104
アルキメデスらせん ……………… 86, 88

い
一様成長 ………………………………… 97

う
ウルフの定理 …………………………… 55

え
S 面 ……………………………………… 68
エネルギー障壁 ………………………… 32
エピタキシャル成長 …………… 42, 125
エピタキシャル方位 ………………… 140
F 面 ……………………………………… 68
エンタルピー …………………………… 5
エントロピー …………………………… 4
エンブリオ ……………………………… 32
沿面成長 ………………………………… 81

お
凹入角成長 ……………………………… 95
オージェ電子分光 …………………… 131
オストワルド熟成 ……………………… 17

か
骸晶 …………………………………… 123
カイネティックラフリング …………… 97
界面エネルギー ………………… 36, 105
　　　　──計算 …………………… 142
　　　　固液界面の── ……………… 105
化学ポテンシャル ……………………… 2
核形成 ………………………………… 29
　　　　──速度 ………………… 32, 43

　　　　──のエネルギー曲線 ……… 31
　　　　均質── ……………………… 29
　　　　清浄表面上の── …………… 35
　　　　2 次元── …………………… 78
　　　　不均質── ……………… 29, 35, 43
核成長 ………………………………… 127
拡張転位 ……………………………… 172
カスプ ………………………………… 53
過飽和 …………………………………… 3
　　　　──度 ……………………… 29
過冷却 ………………………… 5, 103
　　　　組成的── ………………… 119
冠球の体積 ……………………………… 37
完全転位 ……………………………… 171
陥入角成長 ……………………………… 95

き
擬似構造 ……………………………… 137
基板表面における結晶の平衡形 ……… 62
ギブス-トムソンの式 ………………… 14
ギブスの自由エネルギー ……………… 4
吸着原子の密度 ………………………… 73
凝固点 …………………………………… 5
凝集係数 ……………………………… 96
極座標の表示法 ………………………… 53
キンク …………………………… 23, 68
　　　　──濃度 …………………… 71
　　　　──の形成エネルギー ……… 72
均質核形成 …………………………… 29
金属の微粒子 ………………………… 60

く
空孔 …………………………………… 152
　　　　──の移動エネルギー …… 154
　　　　原子── …………………… 152
　　　　表面── …………………… 25
空格子点 ……………………………… 152
クラスター ……………………… 14, 31

索 引

クラペイロン-クラウジウスの式 …………9
クルジュモフ-ザックス関係 …………143

け
K面 ……………………………………68
結合エネルギー …………………………46
結合手 ……………………………………68
　　　不飽和—— …………………27, 30
結晶 ………………………………………1
　　　——構造 …………………………19
　　　——成長の駆動力 …………………5
　　　——の平衡形 ……………………55
　　　——方位 …………………………19
　　　——面の面指数 …………………19
煙の微粒子 ………………………………60
原子空孔 ………………………………152

こ
格子欠陥 ………………………………151
高指数面 …………………………………24
高周波誘導加熱 ………………………118
剛性率 …………………………………158
固液界面の界面エネルギー ……………105
固液界面の形態 ………………………110
コッセル模型 ……………………………23

さ
サーマルラフリング ……………………97
最近接原子間距離 ………………………21

し
c 軸 ……………………………………22
島成長 …………………………………127
シャープ界面 …………………………102
ジャクソンのパラメーター ……………112
昇華エネルギー …………………………7
小傾角境界 ……………………………167
蒸発 ………………………………………5
　　　——エネルギー …………………7

す
ステップ …………………………23, 68
　　　——の曲率半径 …………………15
　　　スパイラル—— …………………87
ストランスキー-クラスタノフ成長 ……129
スパイラルステップ ……………………87
スパイラルの中心の曲率半径 …………89

せ
清浄表面 ………………………………137
　　　——上の核形成 …………………35
成長スパイラル …………………………88
成長双晶 ………………………………173
成長速度 …………………………………95
成長様式 ………………………………125
析出 ………………………………………33
　　　——物 …………………………166
積層欠陥 ………………………………168
　　　——4面体 ……………………170
接触角 ……………………………………36
絶対温度 …………………………………4
接着エネルギー …………………………40
セル構造 ……………………………118, 120
せん断応力 ……………………………157

そ
相 …………………………………………1
走査トンネル顕微鏡 ……………………26
双晶 ………………………………65, 173
層成長 ……………………………81, 128
相平衡 ……………………………………1
相変態 ……………………………………1
組成的過冷却 …………………………119

た
体心立方格子 ……………………………21
帯溶融による物質純化 ………………114
帯溶融法 ………………………………118
多核成長 …………………………………81
多結晶 ……………………………………1
多重双晶粒子 ……………………………65

索　引

脱離エネルギー……………………43
多面体結晶……………………………56
単位格子………………………………19
単位胞………………………………1, 19
ダングリングボンド………………27
単結晶……………………………………1
単原子層…………………………81, 132
単純立方格子…………………………19

ち
稠密六方格子…………………………22
柱面………………………………………23

つ
つる巻き転位………………………161

て
低指数面………………………………24
低速電子回折……………………26, 135
ディフューズ界面…………………102
底面………………………………………23
テラス……………………………………24
転位……………………………………155
　　拡張——……………………172
　　完全——……………………171
　　つるまき——……………161
　　——のエネルギー………161
　　——の応力場……………155
　　——の起源…………………164
　　——の上昇運動…………160
　　——の線張力……………162
　　——の増殖…………………163
　　刃状——……………………155
　　部分——……………………171
　　フランクの——…………169
　　ヘリカル——……………161
　　ミスフィット——………128
　　らせん——…………85, 158
転位ループ…………………………159
　　プリズマティック——…165
デンドライト………………………122

な
内部エネルギー………………………4

に
2次元核形成…………………………78
2次元核成長の直接観察…………84
ニシヤマ-ワッサーマン関係……143

ね
ねじり境界………………40, 94, 167
熱脱離分光…………………………138

は
バーガース回路……………………156
バーガースベクトル……………85, 156
刃状転位……………………………155
バルク結晶……………………………25
ハローパターン……………………101
反射高速電子回折………………26, 135

ひ
微斜面……………………………24, 51
非晶質固体…………………………104
歪エネルギー…………………………33
引張り応力…………………………157
表面エネルギー…………………30, 45
　　——の異方性………………51
表面拡散………………………………72
　　——距離………………………73
　　——の活性化エネルギー…44
表面吸着原子…………………………73
表面空孔………………………………25
表面再構成……………………………25
表面積……………………………………37

ふ
ファセット……………………………24
　　——成長……………………110
フィックの第1法則………………115
フィックの第2法則………………115
フォルマー-ウェーバー成長……127

不均質核形成 ……………………29, 35
　　――における核形成速度………43
不純物原子 ………………………114
付着成長 ……………………………95
物質純化 …………………………118
部分転位 …………………………171
不飽和結合手 …………………27, 30
ブラッグの式 ……………………136
フランクの転位 …………………169
フランク-ファンデルメルヴェ成長……128
プリズマティック転位ループ…………165
フレンケル欠陥 …………………152

へ

平衡凝固温度 ……………………118
平衡蒸気圧 ………………………3, 8
　　――のサイズ依存性……………12
平衡状態図 …………………………2
平衡濃度 ……………………………7
平衡分配係数 ……………………115
ヘリカル転位 ……………………161
ヘルツ-クヌーセンの式 ……………96
変形双晶 …………………………173

ほ

ポアソン比 ………………………158
ボイド ……………………………152
飽和蒸気圧 …………………………11

み

ミスフィット転位 ………………128

め

面心立方格子 ………………………21

や

ヤングの式 …………………………36

ゆ

融液の構造 ………………………101
融点 …………………………………6
ユニットセル ………………………1

よ

溶質 ………………………………115
　　――濃度 ……………………115

ら

らせん転位 …………………85, 158
　　――による成長 ………………85
ラプラスの式 ……………………13

り

理想気体 ……………………………9
立方晶 ………………………………20
臨界核 ………………………………31
　　――の形成エネルギー…………31
　　――半径 ………………………31

材料学シリーズ　監修者

堂山昌男	小川恵一	北田正弘
東京大学名誉教授	横浜市立大学学長	東京芸術大学教授
帝京科学大学名誉教授	Ph. D.	工学博士
Ph. D., 工学博士		

著者略歴
後藤　芳彦（ごとう　よしひこ）
- 1941 年　大分県生まれ
- 1964 年　東北大学理学部物理学科卒業
- 1967 年　同修士課程終了
- 1968 年　東北大学金属材料研究所 助手，助教授を経て
- 1988 年　東京理科大学基礎工学部材料工学科 助教授
- 1991 年　同教授　現在に至る
　　　　　理学博士

検印省略

2003 年 3 月 25 日　第 1 版発行

材料学シリーズ
結晶成長

著　者 ⓒ 後　藤　芳　彦
発行者　内　田　　　悟
印刷者　山　岡　景　仁

発行所　株式会社　内田老鶴圃　〒112-0012 東京都文京区大塚3丁目34番3号
　　　　電話　(03)3945-6781(代)・FAX (03)3945-6782
　　　　　　　　　　　　　　　印刷・製本/三美印刷 K. K.

Published by UCHIDA ROKAKUHO PUBLISHING CO., LTD.
3-34-3 Otsuka, Bunkyo-ku, Tokyo, Japan

U. R. No. 523-1
ISBN 4-7536-5619-5 C3042

材料学シリーズ　堂山昌男・小川恵一・北田正弘　監修　各 A5 判

入門 表面分析　固体表面を理解するための

吉原一紘 著　224 頁・本体 3600 円

広範囲にわたる表面分析を最近の成果も取り入れ、バランス良く、かつ系統的に解説する。電子と固体の相互作用を利用した表面分析法／X線と固体の相互作用を利用した表面分析法／イオンと固体の相互作用を利用した表面分析法／探針の変位を利用した表面分析法

既刊書		
結晶電子顕微鏡学	坂 公恭著	248p.・3600 円
X 線構造解析	早稲田嘉夫・松原英一郎著	308p.・3800 円
金属電子論	水谷宇一郎著	上・276p.・3000 円　下・272p.・3200 円
鉄鋼材料の科学	谷野 満・鈴木 茂著	304p.・3800 円
入門 結晶化学	庄野安彦・床次正安著	224p.・3600 円
結晶・準結晶・アモルファス	竹内 伸・枝川圭一著	192p.・3200 円
人工格子入門	新庄輝也著	160p.・2800 円
再結晶と材料組織	古林英一著	212p.・3500 円
金属の相変態	榎本正人著	304p.・3800 円
金属物性学の基礎	沖 憲典・江口鐵男著	144p.・2300 円
入門 材料電磁プロセッシング	浅井滋生著	136p.・3000 円
高温超伝導の材料科学	村上雅人著	264p.・3600 円
バンド理論	小口多美夫著	144p.・2800 円
水素と金属	深井 有・田中一英・内田裕久著	272p.・3800 円
セラミックスの物理	上垣外修己・神谷信雄著	256p.・3500 円
オプトエレクトロニクス	水野博之著	264p.・3500 円

X 線回折分析

加藤誠軌 著
A5 判・356 頁・本体 3000 円

イオンビームによる物質分析・物質改質

藤本文範・小牧研一郎 共編
A5 判・360 頁・本体 6800 円

イオンビーム工学　イオン・固体相互作用編

藤本文範・小牧研一郎 共編
A5 判・376 頁・本体 6500 円

薄膜物性入門

エッケルトバ 著　井上泰宣・鎌田喜一郎・濱崎勝義 共訳
A5 判・400 頁・本体 6000 円

材料表面機能化工学

岩本信也 著
A5 判・600 頁・本体 12000 円